中原工学院学术专著出版基金资助

人工肌肉（IPMC）建模与非线性控制技术

喻俊　著

中国纺织出版社有限公司

内 容 提 要

随着国家尖端技术和国防工业的发展，超精密加工、智能仿生、医疗等方面对驱动器的性能和控制要求越来越高。智能材料驱动器因其体积小、承载力大、效率高、精度高、分辨率高和不产生噪声等优良特性可以克服由于传统驱动机构和控制硬件性能不足而引起的瓶颈，并逐步被广泛应用于精密制造、航空航天、军事等尖端行业。

本书是作者团队 10 余年来从事离子聚合物金属复合材料（也叫作人工肌肉）的建模、控制及应用技术研究的总结。内容围绕人工肌肉，重点对其建模、控制及其在相关领域应用实例展开深入讨论，并对人工肌肉仿生驱动器的潜在应用前景做出分析与解读。

本书可为读者在非线性建模与控制、生物医学设备和工业自动化等领域使用人工肌肉与仿生驱动技术并解决实际工程问题提供参考和借鉴。

图书在版编目（CIP）数据

人工肌肉（IPMC）建模与非线性控制技术／喻俊著
. —北京 ：中国纺织出版社有限公司，2021.9（2022.9重印）
ISBN 978-7-5180-8861-4

Ⅰ.①人… Ⅱ.①喻… Ⅲ.①肌肉—仿生—技术
Ⅳ.①TP242

中国版本图书馆 CIP 数据核字（2021）第 185474 号

责任编辑：亢莹莹 责任校对：王花妮 责任印制：王艳丽

中国纺织出版社有限公司出版发行
地址：北京市朝阳区百子湾东里 A407 号楼 邮政编码：100124
销售电话：010—67004422 传真：010—87155801
http://www.c-textilep.com
中国纺织出版社天猫旗舰店
官方微博 http://weibo.com/2119887771
北京虎彩文化传播有限公司印刷 各地新华书店经销
2021 年 9 月第 1 版 2022 年 9 月第 2 次印刷
开本：787×1092 1/16 印张：8
字数：180 千字 定价：68.00 元

前　言

　　智能材料驱动器（SMA，Smart Material Actuator）具有体积小、承载力大、效率高、精度高、位移分辨率高和不产生噪声等优良特性，可以克服由于传统驱动机构和控制硬件性能不足而导致的技术瓶颈。因此，以智能材料为代表的高速高精度系统正逐步在医疗、军事和信息产业等关系国计民生的重要领域得到人们的高度重视，并逐步被广泛应用于精密制造、航空航天、军事等尖端行业，如微机电系统（MEMS，Micro-Electro-Mechanical System）、微纳操作机器人、医疗仿生机器人、超精密机床、太空柔性机械臂和天文望远镜等。

　　工程中常见的智能材料有压电陶瓷、超磁致伸缩材料（GMA，Giant Magnetostrictive Material）、离子聚合物金属复合材料（IPMC，Ionic Polymer Metal Composite）、电致伸缩材料（EM，Electrostrictive Materials）、形状记忆合金（SMA，Shape Memory Alloy）等。智能材料驱动器应用对实现精密快速加工技术、仿人控制等方面具有十分重要的作用。然而，智能材料驱动器中复杂特殊非线性仍是限制精度提高及广泛应用的瓶颈。因此，通过控制和建模技术来研究智能材料驱动器非线性特性，早已引起了国内外控制界的高度重视和关注，并成为一个具有重要理论意义和应用价值的课题，形成了一个综合材料、物理、智能技术和控制技术等多学科交叉的研究方向。

　　离子聚合物金属复合材料（IPMC，Ionic Polymer Metal Composite），也叫作人工肌肉，属于离子型电制动聚合物（EAP）的一种，因为其质量体积小、无污染、小电压等特点，被广泛作为驱动器应用于各类仿生智能机器人的构建中。本书围绕人工肌肉展开研究，重点对人工肌肉的建模、控制及其在相关领域应用实例展开深入讨论，并对人工肌肉仿生驱动器的潜在应用前景做出分析与解读，全书共分6章。第1章为智能材料驱动器概述，介绍了常见的智能材料驱动器的发展历史、分类、应用及研究现状。第2章为人工肌肉仿生驱动器概述，介绍了人工肌肉的运动机理、应用及研究现状、执行器建模情况。第3章为非线性鲁棒控制理论基础，介绍了控制系统相关概念、非线性系统理论基础和非线性鲁棒控制研究现状和发展情况。第4章为基于算子理论的非线性控制技术，介绍了一些算子的相关定义、右互质分解方法，进而介绍了基于鲁棒右互质分解的控制器设计。第5章为基于算子理论的人工肌肉非线性控制系统设计，介绍了基于算子理论的鲁棒稳定控制系统设计、基于 Matlab 工具箱的跟踪控制器参数优化和基于人工蜂群算法的跟踪控制器参数优化。第6章为基于滑模变结构控制的人工肌肉鲁棒非线性系统设计，介绍了滑模变结构控制器设计、滑模变结构控制器参数优化算法设计和跟踪控制系统设计及参数优化。

本书由喻俊担任主编，负责大纲制订、书稿编写及统稿、定稿工作，王瑷珲负责校稿。本书在编写过程中得到了参与项目的许多合作者和引用论文的作者的帮助，如温盛军、王东云、陈新开、邓明聪、于洪年、王海泉、王燕等，在此表示感谢！同时，本书还是郑敏、张强、闫同斌、付怡雯、张蕾、齐小敏、李峰光、刘萍、李琳、蔡飞、胡宁宁、葛祎霏、卢俊兰、张帅帅、李伟等多位研究生辛勤劳动的成果，在此深表感谢！由于编者水平有限，书中难免出现疏漏和不妥之处，敬请广大读者不吝指正。

本书的绝大部分内容都是作者和合作者最新的研究成果。本书的研究成果受到中原工学院专著研究基金、国家重点研发计划（SQ2020YFB 170004）、国家自然科学基金重点项目（U1813201）、国家自然科学基金面上项目（62073297）、国家自然科学基金青年基金（61304115）、河南省自然科学基金项目（162300410345）、河南省科技攻关项目（182102410056、202102210097、202102210135）和河南省高等学校科技创新团队（14IRTSTHN024）等资助，在此表示感谢！

著者

2021 年 5 月

目　　录

第1章 智能材料驱动器概述

1.1 智能材料驱动器发展历史

智能材料概念是由日本高木俊宜教授于 1989 年 11 月在日本科学技术厅航空、电子等技术评审会上提出的，同期，美国在航空、宇宙领域中对传感功能和执行功能的适应性结构物、灵巧结构物的研究也较活跃，因此，人们逐渐将它们均统称为智能材料与智能系统。一般来说，智能材料就是指具有感知环境（包括内环境和外环境）刺激，对其进行分析、处理、判断，并采取一定措施进行适度响应的含智能特征的材料。

智能材料的构想来源于仿生（就是模仿大自然中生物的一些独特功能制造人类使用的工具，如模仿蜻蜓制造飞机等）。它的目标是想研制出一种材料，使其成为具有类似生物的各种功能的"活"的材料。因此，智能材料必须具备感知、驱动和控制三个基本要素。但是，现有的材料大都比较单一，难以满足智能材料的要求，所以一般由两种或两种以上的材料复合构成一个智能材料系统。这就使得智能材料的设计、制造、加工和性能结构特征均涉及材料学的最前沿领域，使智能材料代表了材料科学的最活跃的方面和最先进的发展方向。

随着国家尖端技术和国防工业的发展，超精密加工和生产设备等对控制精度和加工速度的要求也在不断提高，机械式、液压式、气动式、电磁式等传统的驱动机构和控制硬件由于惯性大、响应慢、结构复杂、可靠性差等不足根本无法满足超精密条件下的制造要求，成为精度提高的硬件瓶颈[1,2]。智能材料驱动器（SMA，Smart Material Actuator）因其体积小、承载力大、效率高、精度高、位移分辨率高和不产生噪声等优良特性，可以克服由于传统驱动机构和控制硬件性能不足而导致的瓶颈。因此，以智能材料为代表的高速高精度系统正逐步在医疗、军事和信息产业等关系国计民生的重要领域得到了人们的高度重视[3]，并逐步被广泛应用于精密制造、航空航天、军事等尖端行业，如微机电系统（MEMS，Micro-Electro-Mechanical System）、仿生机器人、超精密机床、太空柔性机械臂和天文望远镜等[4-7]。由于精密和超精密加工技术的发展，直接影响一个国家尖端技术和国防工业的发展，此研究方向被列入国家"十二五"发展规划中重点发展方向之一，体现了国防和国民经济的强烈需求。

目前，以智能材料为代表的高速高精度系统研究已形成了一个集控制、材料、力学和物理等多学科交叉的新型研究领域。近 10 余年来，为了推动智能材料驱动器在精密和超精密加工领域的广泛应用，已经从力学、物理学等方面开展了关于如何选用高性能材料来制造智能材料驱动器、如何改进制备工艺、如何提高材料内部电（磁）的作用机理和耦合效应等方面开展了卓有成效的研究，并制造和生产出一批基于智能的材料。

1.2 智能材料驱动器分类

工程中常见的智能材料有压电陶瓷、超磁致伸缩材料（GMM，Giant Magnetostrictive Material）、电活化聚合体（DEAP，Dielectric Electro Active Polymer）、电致伸缩材料（EM，Electrostrictive Materials）、形状记忆合金（SMA，Shape Memory Alloy）等[4,8]。其所表现出来的电、磁、热、力场中的耦合特性使得这些材料多用于高速高精度要求下的驱动器或传感器。与传统驱动器或传感器相比，智能材料驱动器是基于功能材料实现电（磁）能到机械能转换，能量转换效率高，从而有着传统驱动器不可比拟的优势。例如，压电陶瓷驱动器是利用压电陶瓷材料在电场作用下能产生极小形变量，从而达到微纳级驱动定位；超磁致伸缩驱动器是基于超磁致伸缩材料实现能量转换；电活化聚合体是在外加电场的作用下，内部水合阳离子发生定向移动，水分子浓度因此发生改变，致使发生弯曲，并且在弯曲的同时产生了力和位移。这些智能材料驱动器的应用，能克服传统驱动器一些不足，并逐步成为当前超精密控制技术的研究热点之一。

1.2.1　形状记忆合金

形状记忆合金是通过热弹性与马氏体相变及其逆变而具有形状记忆效应的由两种以上金属元素所构成的材料。形状记忆合金是目前形状记忆材料中形状记忆性能最好的材料。迄今为止，人们发现具有形状记忆效应的合金有 50 多种。在航空航天领域内的应用有很多成功的范例。人造卫星上庞大的天线可以由记忆合金制作而成。发射人造卫星之前，将抛物面天线折叠起来装进卫星体内，火箭升空把人造卫星送到预定轨道后，只需加温，折叠的卫星天线因具有"记忆"功能而自然展开，恢复抛物面形状。形状记忆合金在临床医疗领域内有着广泛的应用，如人造骨骼、伤骨固定加压器、牙科正畸器、各类腔内支架、栓塞器、心脏修补器、血栓过滤器、介入导丝和手术缝合线等，记忆合金在现代医疗中正扮演着不可替代的角色。记忆合金同我们的日常生活也同样休戚相关。

形状记忆合金具有形状记忆效应（Shape Memory Effect），以记忆合金制成的弹簧为例，把这种弹簧放在热水中，弹簧的长度立即伸长，再放到冷水中，它会立即恢复原状。利用形状记忆合金弹簧可以控制浴室水管的水温：在热水温度过高时通过"记忆"功能，调节或关闭供水管道，避免烫伤。也可以制作成消防报警装置及电气设备的保险装置。当发生火灾时，记忆合金制成的弹簧发生形变，起动消防报警装置，达到报警的目的。还可以把用记忆合金制成的弹簧放在暖气的阀门内，用以保持暖房的温度，当温度过低或过高时，自动开启或关闭暖气的阀门。形状记忆合金的形状记忆效应还广泛应用于各类温度传感器触发器中。

形状记忆合金另一种重要性质是伪弹性（Pseudoelasticity）（又称超弹性，Superelasticity），表现为在外力作用下，形状记忆合金具有比一般金属大得多的变形恢复能力，即加载过程中产生的大应变会随着卸载而恢复。这一性能在医学和建筑减震以及日常生活方面得到了普遍应用。例如，前面提到的人造骨骼、伤骨固定加压器、牙科正畸器等。用形状记忆合金制造的眼镜架，可以承受比普通材料大得多的变形而不发生破坏（并不是应用形状记忆效应，发生变形后再加热而恢复）。

形状记忆合金之所以具有变形恢复能力，是因为变形过程中材料内部发生的热弹性马氏体相变。形状记忆合金中具有两种相：高温相奥氏体相，低温相马氏体相。根据不同的热力载荷条件，形状记忆合金呈现出两种性能，单程记忆效应、双程记忆效应、全程记忆效应。形状记忆合金在较低的温度下变形，加热后可恢复变形前的形状，这种只在加热过程中存在的形状记忆现象称为单程记忆效应。某些合金加热时恢复高温相形状，冷却时又能恢复低温相形状，称为双程记忆效应。加热时恢复高温相形状，冷却时变为形状相同而取向相反的低温相形状，称为全程记忆效应。

SMA 的形状记忆效应源于热弹性马氏体相变，这种马氏体一旦形成，就会随着温度下降而继续生长，如果温度上升它又会减少，以完全相反的过程消失。两项自由能之差作为相变驱动力。两项自由能相等的温度 T_0 称为平衡温度。只有当温度低于平衡温度 T_0 时才会产生马氏体相变；反之，只有当温度高于平衡温度 T_0 时才会发生逆相变。在 SMA 中，马氏体相变不仅由温度引起，也可以由应力引起，这种由应力引起的马氏体相变叫作应力诱发马氏体相变，且相变温度同应力呈线性关系。

形状记忆合金由于具有许多优异的性能，因而广泛应用于航空航天、机械电子、生物医疗、桥梁建筑、汽车工业及日常生活等多个领域。

1.2.2 压电陶瓷

压电陶瓷是一种能够将机械能和电能互相转换的信息功能陶瓷材料—压电效应，压电陶瓷除具有压电性外，还具有介电性、弹性等，已被广泛应用于医学成像、声传感器、声换能器、超声马达等。压电陶瓷利用其材料在机械应力作用下，引起内部正负电荷中心相对位移而发生极化，导致材料两端表面出现符号相反的束缚电荷即压电效应而制作，具有敏感的特性，压电陶瓷主要用于制造超声换能器、水声换能器、电声换能器、陶瓷滤波器、陶瓷变压器、陶瓷鉴频器、高压发生器、红外探测器、声表面波器件、电光器件、引燃引爆装置和压电陀螺等，除了用于高科技领域，它更多的是在日常生活中为人们服务，为人们创造更美好的生活而努力。

电陶瓷是一类具有压电特性的电子陶瓷材料。与典型的不包含铁电成分的压电石英晶体的主要区别是：构成其主要成分的晶相都是具有铁电性的晶粒。由于陶瓷是晶粒随机取向的多晶聚集体，因此，其中各个铁电晶粒的自发极化矢量也是混乱取向的。为了使陶瓷能表现出宏观的压电特性，就必须在压电陶瓷烧成并于端面被覆电极之后，将其置于强直流电场下进行极化处理，以使原来混乱取向的各自发极化矢量沿电场方向择优取向。经过极化处理后的压电陶瓷，在电场取消之后，会保留一定的宏观剩余极化强度，从而使陶瓷具有了一定的压电性质。

压电陶瓷在很多领域取得了广泛应用，声音转换器是最常见的应用之一。像拾音器、传声器、耳机、蜂鸣器、超声波探深仪、声呐、材料的超声波探伤仪等都可以用压电陶瓷做声音转换器。例如，儿童玩具上的蜂鸣器就是电流通过压电陶瓷的逆压电效应产生振动，而发出人耳可以听得到的声音。压电陶瓷通过电子线路的控制，可产生不同频率的振动，从而发出各种不同的声音。例如，电子音乐贺卡就是通过逆压电效应把交流音频电信号转换为声音信号。自从第一次世界大战中，英国军队运用压电引爆器发明了坦克，并首次在法国索姆河的战斗中使用而重创了德军后，坦克在多次战斗中大显身手。然而，到了 20 世纪 60 ~ 70 年代，由于反坦克武器的发明，坦克失去了昔日的辉煌。反坦克炮发射出的穿甲弹接触坦克，就会马上爆炸，把坦克炸得粉碎。这是因为弹头上装有压电陶瓷，它能把相碰时的强大机械力转变为瞬间高电压，爆发火花而引爆炸药。压电打火机是煤气灶上用的一种新式电子打火机，就是利用压电陶瓷制成的。只要用手指压一下打火按钮，打火机上的压电陶瓷就能产生高电压，形成电火花而点燃煤气，可以长久使用。所以压电打火机不仅使用方便，安全可靠，而且寿命长，例如，一种钛铅酸铅压电陶瓷制成的打火机可使用 100 万次以上。防核护目镜核试验员带上用透明压电陶瓷做成的护目镜后，当核爆炸产生的光辐射达到危险程度时，护目镜里的压电陶瓷就把它转变成瞬时高压电，在 1/1000s 里，能把光强度减弱到只有 1/10000，当危险光消失后，又能恢复到原来的状态。这种护目镜结构简单，只有几十克重，安装在防核护目头盔上，携带十分方便。超声波换能器适用于超声波焊接设备以及超声波清洗设备，主要采用大功率发射型压电陶瓷制作，超声波换能器是一种能把高频电能转化为机械能的装置，超声波换能器作为能量转换器件，它的功能是将输入的电功率转换成机械功率（即超声波）再传递出去，而它自身消耗很少的一部分功率。声呐在海战中，最难对付的是潜艇，它能长期在海下潜航，神不知鬼不觉地偷袭港口、舰艇，使敌方大伤脑筋。如何寻找敌潜艇？靠眼睛不行，用雷达也不行，因为电磁波在海水里会急剧衰减，不能有效地传递信号，探测潜艇靠的是声呐——水下耳朵。压电陶瓷就是制造声呐的材料，它发出超声波，遇到潜艇便反射回来，被接收后经过处理，就可测出敌潜艇的方位、距离等。

1.2.3　电活性聚合体

电活性聚合物也是介电弹性体（DE，Dielectric Elastomer），是一种智能材料，因其独特的电性能和机械性能而崭露锋芒。20 世纪 90 年代初，基于电活性聚合物材料的人工肌肉驱动器得到快速发展。与传统的压电材料相比，这种聚合物材料具有更大的应变能力，且重量轻、驱动效率高、抗震性能好，是最具有发展潜力的仿生材料之一。

电活性聚合物设计、合成和加工方面的研究都有了很大的进展。美国斯坦福研究院采用 3M 公司生产的聚丙烯酸橡胶 VHB2910 和 VHB2905 制造了预应变的致动器。丹麦的丹佛斯利用软硅树脂和银粉柔性电极制造了非预拉伸单层薄膜致动器，其厚度是微米级的。电活性聚合物在直流电作用下会产生大幅度的应变（如聚丙烯酸橡胶，其线性应变可达380%），且反应速度快（微秒级），变形率大（与压电陶瓷等传统的电致伸缩材料相比），这些特点使得这类材料成为微型机械中致动器及传感器的基础材料，并且得到了广泛的应用。但其在发电方面的研究与应用尚处于起步阶段。

电活性聚合物的起源可以追溯到 19 世纪 80 年代，机电响应现象首次被发现。20 年后有人将场致应变的规律总结成公式。20 世纪 20 年代，压电聚合物的发现，是电活性聚合物发展史的重要里程碑。20 世纪 40 年代末，人们发现了化学活性聚合物，例如，胶原质丝浸泡在酸或碱溶液中时，可以可逆伸缩。但是，关于"化学—机械"的驱动器却很少有人研究，直到仿生肌肉用合成聚合物发展起来。随着电激励技术的发展，人们开始关注 EAP 材料。1969 年，发现 PVDF 具有压电行为后，科学家开始挖掘其他聚合物体系，一系列的 EAP 材料应运而生。近 10 年来，EAP 材料发展迅速，开发了一系列具有优异性能的 EAP 材料，某些 EAP 材料的形变量甚至可以达到300%。

按照作用机理的不同，电活性聚合物（EAP）主要分为两大类，电子型 EAP 和离子型 EAP。电子型 EAP 包括全有机复合材料（AOC）、介电 EAP（DEAP）、电致伸缩接枝弹性体（ESGE）、电致伸缩薄膜（ESP）、电致粘弹性聚合物（EVEM）、铁电体聚合物（FEP）和液晶弹性体（LCE）等。离子型 EAP 包括碳纳米管（CNT）、导电聚合物（CP）、电致流变液体（ERF）、离子聚合物凝胶（IPG）和离子聚合物基金属复合材料（IPMC）等。

1.2.4　超磁致伸缩材料

在常温下，由于磁化状态的改变，其长度和体积会发生较大变化，即具有极大的磁致伸缩系数的磁致伸缩材料被称为超磁致伸缩材料，由于多为稀土构筑，又称稀土超磁致伸缩材料。这种材料具有很高的耐热温度，磁致伸缩性能强。在室温下，机械能和电能之间的转换率高、能量密度大、响应速度快、可靠性好、驱动方式简单。

GMM 的尺寸伸缩可随外加磁场成比例变化，其磁致伸缩系数远大于传统的磁致伸缩材料。1971 年，美国海军表面武器实验室开始寻找在室温下具有较大磁致伸缩的材料，发现 $TbFe_2$、$DyFe_2$、$SmFe_2$ 等具有很好的磁致伸缩性能，但是它们需要很强的磁场才能驱动，这就限制了该材料的应用。为此，他们又研究了新的合金材料，这种合金材料具有很高的居里温度，磁致伸缩性能优异，使得实际应用成为可能，由此引起了业界对 GMM 开发及应用的极大关注。

GMM 在室温下机械能—电能转换率高、能量密度大、响应速度高、可靠性好、驱动方式简单，正是这些性能优点引发了传统电子信息系统、传感系统、振动系统等的革命性变化。总的来说，超磁致伸缩材料具有以下几大特点。

（1）磁致伸缩系数非常大，是 Fe、Ni 等材料的几十倍，是压电陶瓷的 3~5 倍。正是这样大的伸缩系数，使得超磁致伸缩材料发展迅速。

（2）超磁致伸缩材料的能量转换效率在 49%~56%，而压电陶瓷在 23%~52%，传统的磁致伸缩材料仅为 9% 左右，所以，可运用此特性制造高能量转换效率的机电产品。

（3）居里温度在 300℃ 以上，远比压电陶瓷（锆钛酸铅 PZT）要高，因此，在较高温度下工作都可保持性能稳定。

（4）能量密度大，是 Ni 的 400~800 倍，是压电陶瓷的 12~38 倍，此特性适用于制造大功率器件。

（5）产生磁致伸缩效应的响应时间短，可以说磁化和产生应力的效应几乎是同时发生的，利用这一特性可以制造超高灵敏电磁感应器件。

（6）抗压强度和承载能力大，可在强压力环境下工作。

（7）工作频带宽，不仅适用于几百赫兹以下的低频，而且适用于超高频。

超磁致伸缩材料（GMM）是自 20 世纪 70 年代迅速发展起来的新型功能材料，已被视为 21 世纪提高国家高科技综合竞争力的战略性功能材料。GMM 器件的性能已被证明优于压电陶瓷换能材料，在军民两用高科技领域具有难以估量的应用前景。

GMM 自 20 世纪 80 年代开始投入西方市场，历经 20 余年的发展，当前 GMM 市场售价已较最初降低了 20 余倍。随着 GMM 制造成本的不断降低和应用领域的不断扩大，市场需求有愈发强劲之势。

由于超磁致伸缩材料，在磁场作用下长度发生变化，发生位移而做功；在交变磁场作用下，发生反复伸张与缩短，从而产生振动或声波，将电磁能（或电磁信号）转换成机械能或声能（或机械位移信息，或声信息），相反也可以将机械能（或机械位移与信息）转换成电磁能（或电磁信息），这样可以制成功率电—声换能器、电—机换能器、驱动器、传感器和电子器件等。迄今已有 1000 多种 GMM 器件问世，应用面涉及航空航天、国防军工、电子、机械、石油、纺织、农业等诸多领域，大幅促进了相关产业的技术进步。例如，大功率 GMM 换能器用于油井处理，可降低石油黏度，改善流动特性，大大提高石油产量。

在科技发展日新月异的新世纪，GMM 的重要性必将越来越突出，应用也将更广泛。预计未来 GMM 的主要应用领域有以下几个方面。

（1）采用大功率 GMM 换能器进行油井处理，可降低石油黏度，改善流动特性，大幅提高石油产量。

（2）在国防军工及航空航天业，应用于水下舰艇移动通信、探（检）测系统、声音模拟系统、航空飞行器、地面运载工具和武器等。

（3）电子工业及高精度自动控制等技术行业，用 GMM 制造的微位移驱动器可用于机器人、超精密机械加工、各种精密仪器和光盘驱动器等。

（4）海洋科学及近海工程业，用于海流分布、水下地貌、地震预报等的勘测装置和用于发射及接收声讯号的大功率低频声呐系统等。

（5）机械、纺织业及汽车制造业，可用于自动刹车系统、燃料/注入喷射系统和高性能微型机械功率源等。

（6）大功率超声波、石油业及医疗业，用于超声化学、超声医疗技术、助听器和大功率换能器等。

（7）其他。在振动机械、建筑机械及焊接装置、高保真音响等许多领域，GMM 作为新型器件也有加以使用。

1.2.5 电致伸缩材料

电致伸缩指的是有些多晶材料如锆钛酸铅陶瓷等，存在着自发形成的分子集团即所谓电畴，它具有一定的极化，并且沿极化方向的长度往往与其他方向的不同。当有外加电场作用时，这种电畴就会发生转动，使其极化方向尽量转到与外电场方向一致，因此，这种材料沿外电场方向的长度会发生变化，这种现象称为电致伸缩效应。

关于电致伸缩材料的研究方向在于使其获得可与压电陶瓷相比拟的形变。已经在两个方面取得进展：制成了电致伸缩效应相当大而电滞后效应和老化现象都很小的材料，以及采用独石电容器结构工艺使产生足够的应变所需的电压相当程度地降低。其中最为可取的是以铌镁酸铅为基体的弛豫型铁电陶瓷，这类材料正在用于制成电致伸缩换能器。

任何电介质都有电致伸缩效应。由于电致伸缩效应一般比较微弱，长期以来未能在应用上引起重视。20 世纪 70 年代末发现高介电常数材料以及铁电材料在略高于 Curie 点附近具有特别大的电致伸缩应变。它们都属于钙钛矿型结构的弥散相变铁电体，例如，铌镁酸铅和钛酸铅固溶体。当外电场为 10kV/cm 时，电致伸缩应变可达 10^{-5}，与优良的压电体所能提供的压电应变在数量级上相同。由于电致伸缩材料的重复性好、响应时间快、温度稳定性和经时稳定性好，特别适用于制作精密的微小位移调制器。

在工程技术上，应用压电晶体的电致伸缩效应可制成的案例表现在以下四个方面。

（1）石英钟以及稳定性高的变频振荡器和选择性好的滤波器等。

（2）电话耳机、压电音叉（把电的振荡还原为晶体的机械振动，通过金属薄片发出声音）。

（3）超声波发生器。将压电晶体片放在平行板电极间，在电极间加上频率与晶体的固有频率相同的交换电压使晶片产生强烈振动而发出超声波。

（4）压电厚度计和压电流量计。利用压电晶体产生的超声波测定物体的厚度和流体的流量。沿液体流动方向设置两个保持一定间隔的超声波换能器，一个发送信号，另一个接收信号，每隔 1/100s 两者收发作用互换。因超声波在顺流和逆流情况下发送和接收时会出现与流速成比例的位相差，所以只要指示出位相差即可测出流速和相应的流量。

1.3 智能材料驱动器应用及研究现状

随着对驱动及定位性能要求的不断提高，使得近年来此方向的研究得到了国际学术界和工业界的高度重视，关于智能材料驱动器的建模及关键控制技术研究已成为精密和超精密加工控制技术领域中的一个新热点。众所周知，与传统的驱动控制方法不同，由于基于智能材料的驱动器主要实现超高精密驱动定位，因此，其微扰动作用机制、非线性动力学行为与响应畸变特性、能量转化方式控制以及如何实现高精度运动的驱动与控制来补偿各种硬件可能出现的误差都是传统驱动控制方法所未曾涉及的难题。另外，由于智能材料的材料特性不同，智能材料驱动器的回滞特性还呈现出各具特色的输入输出间的复杂非线性特性，特别是回滞（Hysteresis）特性严重限制着系统速度和精度的提高[9]，使得闭环系统的稳定性变差甚至造成系统的振荡，严重时造成系统的不稳定，妨碍了智能材料在更广阔领域的应用。例如，压电陶瓷和磁致伸缩驱动器会产生 10%～15% 的满量程回滞误差，电活化聚合体还会产生更高的满量程回滞误差[10-13]。

由于传统的控制策略无法有效抑制智能材料驱动器回滞特性对整个系统性能的影响，回滞特性的存在已经成为实现智能材料驱动器能在精密和超精密加工领域广泛应用的瓶颈。除了改进智能材料本身的材料和结构特性来抑制回滞特性外，目前尚无成熟的解决方案提出。因此，通过控制和建模技术来研究回滞特性，针对智能材料驱动器回滞补偿控制原理和方法进行深入研究，在保证系统稳定性的基础上如何消除或抑制回滞的影响早已引起了国内外控制界的高度重视和关注，并成为了一个具有重要理论意义和应用价值的课题，形成了一个综合材料、物理、智能技术和控制技术等多学科交叉的研究方向。

回滞是一种具有多值映射和非光滑特征的复杂动态非线性特性，往往存在于具有智能执行装置的超高精密生产制造系统中，由于回滞的存在，通常会引起系统出现未预料的误差和不期望的振荡或颤抖现象，在闭环情况下还可能造成系统的不稳定。这些不期望的振荡、颤抖和波动往往导致定位误差增大、加工精度降低，甚至可能造成整个运动、定位系统的不稳定，因此，有必要研究有效的控制策略来抑制和消除回滞带来的不利影响，提高整个系统在高速、高频率运动下的定位或加工精度。早在 20 世纪 60 年代就有人提出关于具有回滞非线性系统控制问题，但因当时人们对控制精度的要求相对比较低，对具有回滞非线性系统的控制可通过选择一些适当的电阻和电容桥路或者电荷控制器件、用线性模型近似代替具有回滞非线性特性的模型来进行控制系统分析和设计等方法来削弱或抑制回滞带来的不利影响。近年来，由于精密制造、国防、医疗等领域对超高精密加工的控制精度要求的不断提高，从材料本身和简单近似的方法已很难克服回滞特性对控制系统性能的不利影响，因此，从控制角度出发，通过分析和研究回滞的具体特征，对回滞特性进行建模描述，并对具有回滞的非线性系统的控制策略进行研究已经成为解决回滞而引起控制难题的一条有效途径。

关于对智能材料驱动器的非线性回滞特性进行建模描述已经开展了一些卓有成效的研究。由于回滞非线性具有多值映射的特点，采用传统的建模方法难以对其进行有效的模型描述，目前，国内外学者基本上是对回滞建立静态的拟合模型，例如，Backlash 模型、Preisach 模型[9,16-22]，以及其变形后的模型，如 Backlash-like 模型 Krasnosel'skii-Pokrovskii （KP） 模型[9]、Maxwell 模型[23,24]、Prandtl-Ishlinskii 模型[25-31]、Hammerstein 模型[32] 和神经网络模型[33-38] 等。这些模型基本都是采用将具有非光滑和多值映射特性的基函数进行加权求和或者通过学习训练来进行无穷近似拟合的方式来描述回滞的非线性特性。这些模型的建立已经很大程度上加速和推动了一些智能材料驱动器的应用，为应用合适的控制策略设计鲁棒控制系统来提高含有智能执行装置的超高精密生产制造系统的加工或生产精度奠定了一些基础。但是，由此得到的模型结构十分复杂，甚至具有很高的阶次，同时，无法对一些更为复杂的特殊非线性回滞特性进行具体表征，也很难找到一些通用的控制策略来实现更有效、更高精度的鲁棒控制。因此，针对不同特性的非线性回滞，必须建立特性表征强的模型描述，并提出具体解决此类问题的控制策略来实现超高精度的鲁棒控制。

由于各种智能材料驱动器中的复杂回滞非线性还因材料不同而呈现各种不同的复杂非线性特性，例如，与压电陶瓷驱动器相比，超磁致伸缩驱动器中的回滞特性还呈现非对称、非单调等特殊属性，形状记忆合金中存在饱和及随负载变化而变化等特殊属性。这些复杂的非线性回滞特性主要表现为率相关、饱和、非对称的非线性回滞特性。近年来，针对智能材料驱动器中表现的回滞特性随输入频率变化而变化的特点，也就是率相关特性，国内外已经开始对其建模描述和鲁棒控制的研究[21-22]。对于这类回滞非线性特性，有的是将输入频率引入 Preisach 模型的参数中来描述回滞的依赖输入频率变化的特性[22,37]，也有在所构造的扩展输入空间中引入了广义梯度和输入频率，然后用神经网络对依赖输入频率的回滞进行了训练[38]，最后通过离线方式建立和描述回滞特性模型，并进行参数辨识，设计相应的补偿器来补偿回滞影响。使用这类方法存在计算量较大，模型结构、算子的构造过程比较复杂的缺点。针对智能材料驱动器中表现的回滞特性的饱和特性，一些广义 Prandtl-Ishlinskii 静态模型被用来表征带有饱和特性的非线性回滞特性[27,31,39]。对于更复杂的具有率相关、非对称特性的非线性回滞特性，利用表征 Prandtl-Ishlinskii 模型的 stop 算子和 play 算子，将 Prandtl-Ishlinskii 回滞模型表征分解为线性部分和非线性部分来构建一些广义 Prandtl-Ishlinskii 静态和动态模型来表征带有饱和特性的非线性回滞特性，便于模型的描述和参数辨识[25-31]。这些针对不同问题而建立起来的模型，不仅能更贴切和精确地描述非线性回滞的内在特征，进一步加速和推动了一些智能材料驱动器在不同领域中的广泛应用。

随着智能材料驱动器的各种非线性回滞模型的建立，一些有效和实用的控制策略也被提出，并逐步被应用到具体的高精密加工制造领域。通常，为了消除智能材料驱动器中非线性回滞所带来的不利影响，往往是采用基于回滞逆模型的控制方法来补偿回滞的影响[14,40-44]，但是，此类逆回滞的模型的建立对参数的依赖性比较强，构造回滞逆非常复杂，在某些特定的场合无法实现实时在线控制和闭环系统稳定性分析。也有应用基于输入空间到输出空间映射的算子理论，把回滞特性看作对象模型的不确定性量，构件不确定算子，并应用鲁棒右互质分解技术设计鲁棒控制系统[12]。另外，针对具有复杂的饱和、非对称、率相关的非线性回滞特性的智能材料驱动器[45-51]，在考虑到模型参数未知或环境变化等影响因素的条件下，神经网络控制[33-36]、H_∞ 控制[46,52]、状态和干扰观测器控制[53]、自适应控制[26-28,31,39-42,54-58] 等技术正逐步被应用于各种控制策略设计中。在这几种方法中，自适应控制是学者们最广泛采用的方法，它可以很好地适应回滞模型参数和环境的变化，很好地保证了系统的鲁棒性。到目前为止，智能材料驱动的建模与控制研究仍然是研究的热点。

1.4 本章小结

本章主要介绍了智能材料驱动器发展历史、智能材料驱动器分类和智能材料驱动器应用及研究现状。重点介绍了形状记忆合金、压电陶瓷、电活性聚合体、超磁致伸缩材料、电致伸缩材料等智能材料驱动器的一些基本相关概念，并介绍了智能材料驱动的研究热点，即建模与控制发展现状。

参考文献

[1] 杨辉. 高效、极致——精密超精密加工技术的发展与展望 [J]. 航空制造技术, 2014 (11): 26-31.

[2] 袁巨龙, 张飞虎, 戴一帆, 等. 超精密加工领域科学技术发展研究 [J]. 机械工程学报, 2010, 46 (15): 161-177.

[3] 李圣怡. 超精密加工技术成就现代国防 [J]. 国防制造技术, 2009 (3): 16-21.

[4] S. Kamila. Introduction, classification and applications of smart materials: an overview [J]. American Journal of Applied Sciences, 2013, 10 (8): 876-880.

[5] R. Bogue. Smart materials: a review of recent developments [J]. Assembly Automation, 2012, 32 (1): 3-7.

[6] H. Tzou, H. Lee, S. Arnold. Smart materials, precision sensors/actuators, smart structures, and structronic systems [J]. Mechanics Advanced Material and Structure, 2004, 11 (4/5): 367-393.

[7] E. Switonski, A. Mezyk, W. Klein. Application of smart materials in vibration control systems [J]. J. Achievements in Materials and Manufacturing Engineering, 2007, 24 (1): 291-296.

[8] M. Shahinpoor, K. Kim. Ionic polymer-metal composites: Ⅲ. Modeling and simulation as biomimetic sensors, actuators, transducers and artificial muscles [J]. Smart Materials and Structures, 2004, 13 (6): 1362-1388.

[9] M. A. Krasnosel'skii, A. V. Pokrovskii. Systems with Hysteresis [M]. New York: Springer Verlag, 1989.

[10] 宾洋, 杨东超, 贾振中, 等. 压电陶瓷驱动器 ECNLP 动力学模型及其位移跟踪控制器的研

究 [J]. 自动化学报，2008，34（9）：1090-1099.

[11] 唐志峰，吕福在，项占琴. 超磁致伸缩微位移驱动器的非线性建模及其控制方法 [J]. 机械工程学报，2007，43（3）：55-61.

[12] M. Deng, A. Wang. Robust nonlinear control design to an ionic polymer metal composite with hysteresis using operator based approach [J]. IET Control Theory & Applications, 2012, 6 (17)：2667-2675.

[13] 阳丹，王湘江. 迟滞非线性系统辨识与补偿控制研究 [J]. 机电工程，2014，9（1）：57-61.

[14] X. Tan, J. S. Baras. Modeling and control of hysteresis in magetostrictive actuator [J]. Automatica, 2004, 40 (9)：1469-1480.

[15] B. Drincic, X. Tan, D. S. Bernstein. Why are some hysteresis loops shaped like a butterfly? [J]. Automatica, 2011, 47 (4)：2658-2664.

[16] Y. Ma, J. Mao, Z. Zhang. On generalized dynamicpreisach operator with application to hysteresis nonlinear systems [J]. IEEE Trans. Control Systems Technology, 2011, 19 (6)：1527-1533.

[17] H. Hu, R. B. Mrad. On the classical Preisach model for hysteresis in piezoceramic actuators, Mechatronics, 2003, 13 (2)：85-94.

[18] P. Ge, M. Jouaneh. Generalized Preisach model for hysteresis nonlinearity of piezoceramic actuators [J]. Precision Engineering, 1997, 20 (2)：99-111.

[19] 李帆，赵建辉，李焱嘉. 迟滞非线性的一种离散 Preisach 函数辨识法 [J]. 系统仿真学报，2007，19（17）：4065-4067.

[20] 陈远晟，裘进浩，季宏丽，等. 基于双曲函数的 Preisach 类迟滞非线性建模与逆控制 [J]. 光学精密工程，2013，21（5）：1205-1212.

[21] I. D. Mayergoyz, Dynamic Preisach models of hysteresis [J]. IEEE Trans. Magnetics，1988，24 (6)：2925-2927.

[22] Y. Yu, Z. Xiao, N. G. Naganathan, et al. Dynamic Preisach modeling of hysteresis for the piezoceramic actuator system [J]. Mechanism and Machine Theory, 2002, 37：75-89.

[23] V. Lampaert, J. Swevers, F. Al-Bender. Modification of the Leuven integrated friction model structure [J]. IEEE Trans. Automatic Control, 2002, 47 (4)：683-687.

[24] F. Al-Bender, V. Lampaert, J. Swevers. The generalized Maxwell-slip model：a novel model for friction simulation and compensation [J]. IEEE Trans. Automatic Control, 2005, 50 (11)：1883-1887.

[25] G. Gu, L. Zhu, C. Y. Su. Modeling and Compensation of asymmetric hysteresis nonlinearity for pi-

ezoceramic actuators with a modified Prandtl－Ishlinskii Model ［J］. IEEE Trans. Industrial Electronics, 2014, 61 (3)：1583-1595.

［26］ X. Chen, T. Hisayama, C. Y. Su. Adaptive control for uncertain continuous－time systems using implicit inversion of Prandtl－Ishlinskii hysteresis representation ［J］. IEEE Trans. Automatic Control, 2010, 55 (10)：2357-2363.

［27］ C. Y. Su, Y. Feng, H. Hong, et al. Adaptive control of systems involving complex hysteretic actuator nonlinearities：a generalized Prandtl－Ishlinskii modeling approach ［J］. Int. J. Control, 2009, 82 (10)：1786-1793.

［28］ Y. Feng, Y. Hu, C. A. Rabbath, et al. Robust adaptive control for a class of perturbed strict－feedback nonlinear systems with unknown Prandtl－Ishlinskii hysteresis ［J］. Int. J. Control, 2008, 81 (11)：1699-1708.

［29］ 张桂林，张承进，李康. 基于 PI 迟滞模型的压电驱动器自适应辨识与逆控制 ［J］. 纳米技术与精密工程, 2013, 11 (1)：85-89.

［30］ 李致富，袁鹏，胡跃明. 基于未知 Prandtl－Ishlinskii 回滞的一类不确定非线性系统自适应逆控制 ［J］. 控制理论与应用, 2012, 29 (6)：723-729.

［31］ C. Y. Su, Q. Wang, X. Chen, et al. Adaptive variable structure control of a class of nonlinear systems with unknown Prandtl－Ishlinskii hysteresis ［J］. IEEE Trans. Automatic Control, 2015, 50 (12)：2069-2074.

［32］ 谢扬球，谭永红. 含有迟滞的 Hammerstein 模型辨识与控制 ［J］. 机械科学与技术, 2014, 33 (5)：723-729.

［33］ C. Li, Y. Tan. A neural networks model for hysteresis nonlinearity ［J］. Sensors and Actuators A：Physical, 2004, 112：49-54.

［34］ 胡世峰，朱石坚，楼京俊，等. 基于 CMAC 小脑神经网络的超磁致伸缩作动器高精度控制的仿真研究 ［J］. 震动与冲击, 2009, 28 (3)：68-72.

［35］ J. D. Wei, C. T. Sun. Constructing hysteretic memory in neural networks ［J］. IEEE Trans. Systems, Man and Cybernetics Part B：Cybernetics, 2000, 30 (4)：601-609.

［36］ R. Dong, Rong Tan, H. Chen, et al. A neural networks based model for rate－dependent hysteresis for piezoceramic actuators ［J］. Sensors and Actuators A：Physical, 2008, 143 (2)：370-376.

［37］ Y. Tan, R. Dong, R. Li. Recursive identification of sandwich systems with dead zone and application ［J］. IEEE Trans. Control Systems Technology, 2009, 17 (4)：945-951.

［38］ R. B. Mrad, H. Hu. A model for voltage－to－displacement dynamics in piezoceramic actuator subject to dynamic－voltage excitations ［J］. IEEE/ASME Trans. Mechatronics, 2002, 7 (4)：479-

489.

[39] 杜娟，冯颖，胡跃明. 基于形状记忆合金驱动器的微纳定位系统鲁棒自适应控制 [J]. 控制理论与应用，2011, 28 (4): 479-484.

[40] G. Tao, P. V. Kokotovic. Adaptive control of plant with unknown hysteresis [J]. IEEE Trans. Automatic Control, 1995, 40 (2): 200-213.

[41] Z. Li, C. Y. Su, X. Chen. Modeling and inverse adaptive control of asymmetric hysteresis systems with applications to magnetostrictive actuator [J]. Control Engineering Practice, 2014, 33, 148-160, 2014.

[42] S. Liu, Chun-Yi Su. Inverse error analysis and adaptive output feedback control of uncertain systems preceded with hysteresis actuators [J]. IET Control Theory & Applications, 2014, 8 (20): 1824-1832.

[43] T. A. Wei, P. K. Khosla, C. N. Riviere. Feedforward controller with inverse rate-dependent model for piezoelectric actuators in trajectory – tracking applications [J]. IEEE/ASME Trans. Mechatronics, 2007, 12 (2): 134-142.

[44] X. Zhao, Y. Tan. Modeling hysteresis and its inverse model using neural networks based on expanded input space method [J]. IEEE Trans. Control System Technology, 2008, 16 (3): 484-490.

[45] Z. Wang, Z, Zhang, J. Mao, et al. A Hammerstein-based model for rate-dependent hysteresis in piezoelectric actuator [J]. 24th Chinese Control and Decision Conference (CCDC), Taiyuan, China, 2012: 1391-1396.

[46] 柳萍，毛剑琴，刘青松，等. 率相关超磁致伸缩作动器的建模与 H_∞ 鲁棒控制 [J]. 控制理论与应用，2013, 30 (2): 148-155.

[47] W. Zhang, Z, Zhang, J. Mao, et al. Modeling and control of rate-dependent hysteresis based on Hammerstein-like system by using Fuzzy Tree method [J]. 31st Chinese Control Conference (CCC), Hefei, China, 2012, 390-395.

[48] Y. Xie, Y. Tan, R. Dong. Nonlinear modeling and decoupling control of XY micropositioning stages with piezoelectric actuators [J]. IEEE Trans. Mechatronics, 2013, 18 (3): 821-832.

[49] A. Esbrook, X. Tan, H. K. Khalil. Control of systems with hysteresis via servocompensation and its application to nanopositioning [J]. IEEE Trans. Control Systems Technology, 2013, 21 (3): 725-738.

[50] X. Chen, G. Zhu, X. Yang, et al. Model-based estimation of flow characteristics using an ionic polymer-metal composite beam [J]. IEEE Trans. Mechatronics, 2013, 18 (3): 932-943.

[51] Z. Wang, Z. Zhang, J. Mao. Precision tracking control of piezoelectric actuator based onBouc-Wen

hysteresis compensator [J]. Electronics Letters, 2012, 48 (23): 1459-1460.

[52] 王贞艳, 张臻, 周克敏, 等. 压电作动器的动态迟滞建模与 H_∞ 鲁棒控制 [J]. 控制理论与应用, 2014, 31 (1): 35-41.

[53] G. Gu, L. Zhu, C. Y. Su. High-precision control of piezoelectric nanopositioning stages using hysteresis compensator and disturbance observer [J]. Smart Materials Structures, 2014, 23.

[54] Z. Li, C. Y. Su, X. Chen, et al. Prescribed adaptive control of unknown hysteresis in smart material actuated systems [J]. Production & Manufacturing Research, 2014, 2 (1): 712-724.

[55] G. Tao, J. O. Burkholder, J. Guo. Adaptive state feedback actuator nonlinearity compensation for multivariable systems [J]. Int. J. Adaptive Control and Signal Processing, 2013, 27: 82-107.

[56] X. Chen, T. Hisayama, C. Y. Su. Adaptive control for uncertain discrete time systems preceded by hysteresis and disturbances [J]. Automatica, 2009, 45 (2): 469-476.

[57] X. Chen, T. Hisayama. Adaptive sliding mode position control for piezo-actuated stage [J]. IEEE Trans. Industrial Electronics, 2008, 55 (11): 3927-3934.

[58] X. Chen, C. Y. Su, T. Fukuda. Adaptive control for the systems preceded by hysteresis [J]. IEEE Trans. Automatic Control, 2008, 53 (4): 1019-1025.

第 2 章　人工肌肉仿生驱动器概述

2.1　人工肌肉工作原理

人工肌肉分为电致动人工肌肉 EAP（Electroactive Artificial Polymer）和气动人工肌肉（Pneumatic Artificial Muscles），EAP 按照致动原理分为离子传导人工肌肉和电子传导人工肌肉[1]。电子型电致动聚合物是在电场的作用下依靠内部电子的迁移来驱动，但是激励所需要的电场比较大。它主要包括压电效应材料、液晶弹晶体以及电致动伸缩材料。而离子型电致动聚合物是由内部离子扩散造成渗透压形成的形状变化，它主要包括离子聚合物胶体、导电聚合物以及离子金属交换材料 IPMC。人工肌肉材料内部具有固定带电网链（图 2-1），阳离子可以通过网链进行扩散和迁移。它的驱动电压比较低，一般 1~3V 就可以驱动。

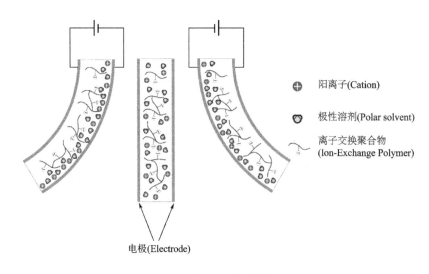

图 2-1　人工肌肉工作机理

IPMC 作为一种新型智能材料，与其他智能材料相比，它具有体积小、质量轻、无污染、寿命长、响应速度快、驱动电压低、能够产生较大的位移形变以及微型化发展等优点。表 2-1[2-4] 列出了 IPMC、压电陶瓷以及形状记忆合金的一些性能比较，不同材料具有不同性能，可以看出 IPMC 的形变量要大得多。

表 2-1　三种智能材料的属性对比

特性	离子交换聚合金属 材料（IPMC）	压电陶瓷 （EAC）	形状记忆合金 （SMA）
致动位移	>10%	0.1%~0.3%	<8%
力/mN	10~30	30~40	约 700
执行速度	微妙至秒	微妙至秒	秒至分
密度/(g·m^{-3})	1.25	6~8	5~6
致动电压/V	4~7	50~800	加热
柔韧度	有弹性、易恢复	弹性差、易碎	有弹性

近年来，随着智能控制方法的不断研究与发展，非线性鲁棒控制智能方法有鲁棒自适应控制、鲁棒右互质分解、滑模变结构控制等。鲁棒控制领域目前所研究的主要问题就是分析研究系统在不确定性因素下或者外加扰动下的控制系统性能的变化，包括动态性能和稳定性能分析等，以及如何应对这些变化带来的影响，考虑分析设计应该如何设计控制器，使得系统具有更强的鲁棒性能及抗干扰能力[5-14]。

而人工肌肉是一种非线性程度比较高的对象，而且控制性能容易受参数变化及各种扰动的影响。因此，在对人工肌肉位置控制设计时必须考虑各种不确定性以及外部扰动并采取合适的策略对其精确的偏移位置进行控制。对含有不确定性因素的人工肌肉智能材料进行研究，如何采用合适的控制算法使得在不确定条件下能够精确控制位置具有很好的现实意义。

2.2　人工肌肉应用及研究现状

为了推动 EAP 材料的应用和发展，美国的约瑟夫于 1999 年[15] 提出了人工肌肉与人类比赛掰手腕的设想（图 2-2），并于 2005 年[16] 在美国圣地亚哥举办了这项赛事，虽然人工肌肉以失败收场，但是推动了 EAP 材料的进步与发展。美国的

JPL 实验室于 1999 年[17,18] 利用 IPMC 致动器研发出了除尘刷以及四爪抓取器[19]（图 2-3），用来对太空的小型卫星外表面进行除尘。日本用 IPMC 开发的商业产品人工鱼（图 2-4），一次充电即能在鱼缸里游半年[20]。韩国研发的由 IPMC 致动器作为腿部的八足爬行机器人[21]（图 2-5），它的爬行速度比较缓慢，仅有 17mm/min。在医学方面，IPMC 以体内机械控制来应用于微创手术[22]，例如，在治疗心脑血管疾病方面的心导管微创手术，当前的技术需要不断抽换导引线，手术操作复杂且易发生事故，用 IPMC 制作主动控制心导管，可大幅降低事故发生率，操作较方便，并且 IPMC 的柔韧性非常好，它会极大地减少患者的痛苦；由 IPMC 还可制作的心脏起搏器（图 2-6）。在医疗康复器械方面，往往采用传统的机器人驱动器来帮助病人康复，但这些驱动器往往刚度大，容易对患者造成伤害，柔韧性差。相比于包含轴承、电动机、传动杆、齿轮的传统驱动器，IPMC 具有体积小、质量轻、无噪声环保、可以微型化发展等优点，尤其能够在低电压驱动下，产生较大的位移变形响应，作为一种新型执行器，非常适用于仿生机器人的开发与应用。

图 2-2 掰手腕比赛

IPMC 在国内研究起步相对较晚，对 IPMC 的研究很少。其中华中科技大学的樊建平等[23] 分析研究了 IPMC 的致动原理，上海大学罗玉元等[24] 研究了 IPMC 在电场激励下的驱动特性。东北大学郝丽娜等对 IPMC 的制备、驱动特性建模以及控制系统搭建进行了研究[25,26]。哈尔滨商业大学代丽君[27] 分析研究了 IPMC 的制备方法，谭湘强等[28] 介绍了 IPMC 的性能以及应用研究状况，唐云军等[29] 对 IPMC 材料的力学参数进行了研究。

图 2-3　四爪抓取器

图 2-4　机器鱼

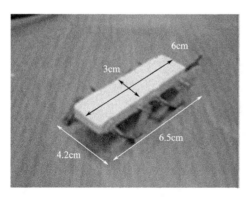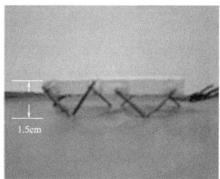

图 2-5　八足爬行机器人

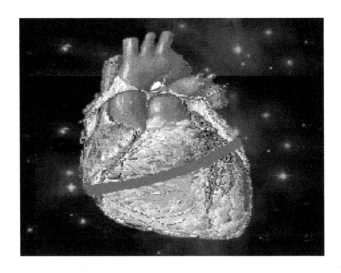

图 2-6　心脏起搏器

2.3　人工肌肉执行器数学建模

为了研究 IPMC 的电致动动态特性，需要对其内部的驱动原理进行系统建模。目前，研究 IPMC 有三种不同的模型方法，即黑箱法、灰箱法、白箱法[30-31]。其中黑箱模型是内部规律完全不清楚，只用实验辨识方法，根据经验采用相关数学方法等效得到其内部规律。灰箱则是只清楚部分内部规律，结合实验数据，采用实验辨识得到内部规律不完整的系统模型。而对于内部机理和属性清楚的系统，即所谓的白箱，利用材料力学、电学以及物理学等，根据已知得到的某些规律，经过分析推导出系统的模型，大多数工程系统均为此类模型。白箱模型的优点则在于其内部的物理规律非常清晰，缺点在于演算相当繁琐，传递函数很难得到，系统模型的求解一般数值解。灰箱模型掌握部分内部规律，比较容易得到模型解析解，传递函数易求解。但是不能完全表征事物的内在本质规律。黑箱法有利于系统模型的建立，容易求得传递函数和模型解析解，但脱离了事物的内在本质规律，一般通过近似和简化为灰箱法来处理。IPMC 动态运行过程中表现出高度复杂非线性，其驱动模型机极其复杂。驱动过程涉及电场、力场、化学场、流场等耦合作用的结果。目前，国际上的学者对 IPMC 的研究涉及以下三种模型。

黑箱模型：根据 IPMC 人工肌肉材料的位移响应性能，Kanno 等人[32] 于 1994 年提出一种简单的输出位移和输入电压之间的传递函数，通过选取电压幅值作用到对象，测量得到不同的激励响应，并将检测到的末端位移偏移量通过采用最小二乘法拟合得到一个时间指数函数表达式，最终得到其电压激励下的传递函数表达式。这种模型只依据系统输入与输出关系构造模型，不考虑内部结构的变化过程，模型结构相对简单，对实验数据依赖性较强，因此，模型通用性较差。

灰箱模型：通过对黑箱模型的改进，Kanno[3] 于 1996 年提出了一种二维的线性灰箱模型，将 IPMC 人工肌肉材料的内部电场激励部分等效为一种电路模型，通过相关电学及物理方法计算得到其电压激励下的内部电流值，假设内力张量与电流成线性关系，根据得到的张力通过力场分析从而确定材料的最终形变。该模型依然是通过实验测量而不是通过真正物理模型得到内部变化规律，但是电路模型推导与应力分析是基于物理规律，因而是一种灰箱模型。

白箱模型：2000 年，Tadokoro 等人[32] 认为在外电场激励下，其内部的水合阳离子从阳极运动到阴极，导致阳极区收缩，阴极区膨胀，从而引起 IPMC 薄膜弯曲变形。形变程度取决于膜内体积的变化、膜内水合阳离子的转移，阳离子和水分子的扩散以及黏性阻力等综合因素。依据内部运动关系，根据动量守恒定律推导出IPMC 材料内阳离子的运动和力平衡方程，最后求出电场强度与末端位移形变之间的关系。

根据三种不同的机理模型，对 IPMC 人工肌肉进行了控制。Liwei Shi 等[34] 人根据 IPMC 的内部运行机理，推导出等效的电路线性模型，采用经典 PID 对其控制，实现了水下 IPMC 执行器的运动控制。王瑷珲等[35,36] 人采用基于演算子理论的鲁棒右边互质分解方法对 IPMC 的位置进行控制，通过对对象进行分解并设计控制器，实现了鲁棒稳定及跟踪控制。孔维健[37] 采用逆补偿控制实现了对线性 IPMC 模型的位置跟踪。国内的研究大部分还处在对 IPMC 的性能研究上，对闭环控制的 IPMC位置控制应用还不是很多。

IPMC 的动态模型可以分为线性模型和非线性模型。线性模型不具有或部分具有系统的先验知识，而非线性模型则具有完备的系统知识，一种 IPMC 的非线性动态模型可以描述为[41] 式（2-1）：

$$
\begin{cases}
v = -\dfrac{v + Y(v)(R_a + R_c) - u}{[C_1(v) + C_a(v)](R_a + R_c)} \\[4mm]
y = \dfrac{3\alpha_0 K_e[\sqrt{2\Gamma(v)} - v]}{Y_e h^2}
\end{cases}
\tag{2-1}
$$

式中：v 是状态变量，u 是控制输入电压，y 是控制输出曲率，R_c 是电极电阻，R_a 是限流电阻，Y_e 是等效模量，K_e 是介电常数，h 是 IPMC 的厚度，Δ 是有界未知的不确定量，函数 $\Gamma(v)$、$C_1(v)$ 与 $C_a(v)$ 是状态变量和一些参数的函数表达式。其中 $\Gamma(v)$ 表达式可以表述为式（2-2）：

$$
\Gamma(v) = \frac{b}{a^2}\left[\frac{ave^{-av}}{1 - e^{-av}} - \ln\left(\frac{ave^{-av}}{1 - e^{-av}}\right) - 1\right]
\tag{2-2}
$$

a、b 的值由式（2-3）得到：

$$
\begin{cases}
a = \dfrac{F(1 - C^- \Delta V)}{RT} \\[4mm]
b = \dfrac{F^2 C^{-1}(1 - C^- \Delta V)}{RTK_e}
\end{cases}
\tag{2-3}
$$

式中：R 是气体常数，F 是法拉第常数，C^{-1} 是负离子浓度，T 是绝对温度。L、W、h 分别代表 IPMC 的长度、宽度和厚度。$S = WL$，代表 IPMC 的截面积。函数 $C_1(v)$ 与 $C_a(v)$ 的表达式分别为式（2-4）：

$$
\begin{cases}
C_1(v) = \dfrac{SK_e}{\sqrt{2\Gamma(v)}} \times \dot{\Gamma}(v) \\[4mm]
C_a(v) = \dfrac{q_1 SF}{RT} \dfrac{K_1 C^{H^+} e^{-\frac{vF}{RT}}}{(K_1 C^{H^+} + e^{-\frac{vF}{RT}})^2}
\end{cases}
\tag{2-4}
$$

式中：$K_1 = \dfrac{k^1}{k^{-1}}$，$k_1$ 与 k_2 是电化学表面过程中的化学速率常数，q_1 是常数，C^{H^+} 是氢离子 H^+ 的浓度。

$$
Y(v) = Y_1 v + Y_2 v^2 + Y_3 v^3
\tag{2-5}
$$

式（2-5）中：Y_1、Y_2 与 Y_3 是多项式的系数。

上述的动态模型具有详细的物理机理知识，是一个精确的数学模型。但在实际应用中，很难精确识别一些物理参数，再者模型中的一些参数对实际系统应用中的影响甚小。因此，有必要对模型进行一些处理，得到一个含有不确定性的非线性动

态模型。一般意义下，式（2-3）中的 ΔV 是足够小的一个量，C^- 是一个有界常量，因此，$|C^-\Delta V|\to 0$，式（2-3）中的参数 a、b 的值可以近似得到：$a\approx\dfrac{F}{RT}$，$b\approx\dfrac{F^2 C^{-1}}{RTK_e}$。因为 IPMC 可以工作在干燥或者潮湿的环境中，本书实验是在干燥的环境下进行研究的，因此，$C^{H^+}\to 0$，所以 $C_a(v)\approx 0$。在式（2-1）中，Y_1、Y_2 与 Y_3 足够小，$|Y(v)|\ll|v|$，R_a 与 R_c 是有界的常量。因此，在式（2-1）中，$Y(v)$ 可以忽略，将其等效为模型误差。通过实验测量得到的参数 T、L、W、h、R_a、R_c 等也会产生测量误差，因此，非线性模型建立为：

$$
\begin{cases}
\dot{v}=-\dfrac{v-u}{C_1(v)(R_a+R_c)}\\[4mm]
y=\dfrac{3\alpha_0 K_e\left[\sqrt{2\Gamma(v)}\ -v\right]}{Y_e h^2}+\Delta
\end{cases}
\tag{2-6}
$$

Δ 为不确定性，包括参数测量误差以及模型误差。将式（2-1）、式（2-4）和式（2-5）代入式（2-6）中可得到如下非线性模型：

$$
\begin{cases}
\dot{v}=-\dfrac{(v-u)\sqrt{2b\left[\dfrac{ave^{-av}}{1-e^{-av}}-\ln\left(\dfrac{ave^{-av}}{1-e^{-av}}\right)-1\right]}}{SK_e b(R_a+R_c)\left(1-\dfrac{1-e^{-x}}{ave^{-av}}\right)\dfrac{e^{-x}(1-av-e^{-av})}{(1-e^{-av})^2}}\\[8mm]
y=\dfrac{3\alpha_0 K_e\sqrt{2b\left[\dfrac{ave^{-av}}{1-e^{-av}}-\ln\left(\dfrac{ave^{-av}}{1-e^{-av}}\right)-1\right]}}{aY_e h^2}+\Delta
\end{cases}
\tag{2-7}
$$

定义一个新的变量 $x=av$，上述非线性模型可表述为：

$$
\begin{cases}
\dot{x}=-\dfrac{(x-au)\sqrt{2b\left[\dfrac{xe^{-x}}{1-e^{-x}}-\ln\left(\dfrac{xe^{-x}}{1-e^{-x}}\right)-1\right]}}{SK_e b(R_a+R_c)\left(1-\dfrac{1-e^{-x}}{xe^{-x}}\right)\dfrac{e^{-x}(1-x-e^{-av})}{(1-e^{-x})^2}}\\[8mm]
y=\dfrac{3\alpha_0 K_e\left(\sqrt{2b\left[\dfrac{xe^{-x}}{1-e^{-x}}-\ln\left(\dfrac{xe^{-x}}{1-e^{-x}}\right)-1\right]}\right)}{aY_e h^2}+\Delta
\end{cases}
\tag{2-8}
$$

2.4 本章小结

本章对 IPMC 执行器的运动机理、发展与研究现状和非线性控制模型作了相关方面的阐述概论。对 IPMC 一种白箱动态模型作了相关分析，将模型辨识过程中模型误差以及参数测量过程中产生的误差等效为有界的不确定性，从非线性、不确定性方面以及 IPMC 易受环境影响等因素考虑，介绍了一种含有不确定性的非线性模型。

参考文献

［1］ 郝丽娜，周轶然 . IPMC 的制备研究 ［J］. 东北大学学报：自然科学版，2009，30（12）：1728-1730.

［2］ M. Shahinpoor, K. Kim. Ionic polymer-metal composites：I. Fundamentals ［J］. Smart materials and Structures, 2001, 10（4）：819-833.

［3］ 唐华平，姜永正 . 人工肌肉 IPMC 电致动响应特性及其模型 ［J］. 中南大学学报：自然科学版，2009，40（1）：153-158.

［4］ 谭湘强，钟映春，杨宜民 . IPMC 人工肌肉的特性及其应用 ［J］. 中国机械工程，2006，17（4）：410-413.

［5］ N. Bhat, W. Kim. Precision force and position Control of ionic polymer mental composite ［J］. Journal of system and Control Engineering, 2004, 218（6）：421-432.

［6］ Shahinpoor M, Kim Kwang J. The effect of Surface-electrode Resistance on the performance of Ionic Ploymer-metal Composite Artificial Muscles ［J］. Smart Material and Structure, 2000, 9（4）：543-551.

［7］ 关新平，赵宇翔，刘奕昌 . 非线性系统鲁棒控制 ［J］. 燕山大学学报，2001，25（1）：1-8.

［8］ 史先鹏，刘士荣 . 机械臂轨迹跟踪控制研究进展 ［J］. 控制工程，2011，18（1）：116-122.

［9］ 蒋毅恒 . 现代鲁棒控制及其数学基础 ［J］. 华北大力大学学报，2000，27（4）：93-98.

［10］ 马晓军，文传源 . 具有参数不确定的非线性系统的鲁棒输出跟踪 ［J］. 自动化学报，1997，23（3）：354-360.

［11］ Hyounet M. Robustness of the exponential stability of nonlinear controlled system under some state and control perturbations ［J］. System and Control Letters, 1997, 31: 103-113.

［12］ 王向东, 高立群 . 一类不确定非线性系统的鲁棒控制 ［J］. 自动化学报, 1999, 25 (2): 221-225.

［13］ 陆国平 . 一类非线性不确定系统的鲁棒控制 ［J］. 自动化学报, 1999, 25 (3): 388-392.

［14］ Lihua xie, Weizhou Su. Robust control for a class of cascaded nonlinear systems ［C］. IEEE Transactions on Automatic Control, 1997, 42 (10): 1465-1469.

［15］ Y. BarCohen. Worldwide electroactive polymers (EAP) newsletter ［N］, 1999.

［16］ Y. BarCohen. Worldwide electroactive polymers (EAP) newsletter ［N］, 2005.

［17］ Yoseph Bar-Cohen. Electroactive polymer (EAP) actuators as artificial muscles- capabilities, potentials and challenges ［J］. Robotics 2000 and Space 2000, Albuquerque, Nm, USA, 2000: 191.

［18］ Y. Bar-Cohen, S. Leary, M. Shahinpoor, et al. Flexible low-mass device and mechanisms actuated by electroactive polymer ［C］. Proceeding of SPIE Conference Electroactive Polymer Actuators and Devices, Newport Beach, CA, 1999: 51- 56.

［19］ 江新民 . IPMC 人工肌肉制备、改性和建模 ［D］. 南京: 南京航空航天大学, 2008.

［20］ 韦海菊 . 离子交换聚合物/金属复合材料的制备、改性及性能优化 ［D］. 南京: 南京航空航天大学, 2008.

［21］ Byungkyu Kima, Jaewook Ryua, Younkoo Jeonga, et al. A ciliary based 8-legged walking micro robot using cast IPMC actuators ［C］. Proceedings of the 2003 IEEE International Conference on Robotics &Automation, 2003, 29: 40-45.

［22］ 吉程, 侯增广, 谢晓亮, 等 . 心血管微创介入机器人导管控制技术总数 ［J］. 机器人技术与应用, 2011 (6): 25-33.

［23］ 樊建平 . 离子交换膜金属复合材料的特性及应用 ［J］. 材料导报, 2007, 21 (5): 73-75.

［24］ 罗玉元 . 基于离子聚合物的金属复合结构 (IPMC) 的柔性致动器研究 ［J］. 中国机械工程, 2006, 17 (4), 410-413.

［25］ 李林朋, 郝丽娜, 林世伟, 等 . IPMC 人工肌肉的制备工艺研究与改进 ［J］. Proceedings of the 2nd Asian materials database symposinm, 2010.

［26］ 郝丽娜, 刘斌 . 基于 IPMC 驱动器的小型遥控机器鱼的研制 ［J］. 东北大学学报: 自然科学版, 2009 (6): 773-776.

［27］ 代丽君 . 化学还原工艺之辈离子聚合物金属复合材料的研究 ［J］. 化学与粘合, 2007, 29 (4): 238-240.

［28］ 唐云军, 唐华平, 殷陈锋 . 一种离子交换树脂金属复合材料 (IPMC) 的力学参数测定

[J]. 高技术通讯, 2007, 17 (5)：508-511.

[29] 龚亚琦. IPMC 电致动特性分析机器相关数值模拟 [D]. 武汉：华中科技大学, 2009.

[30] Kanno R, Kurata A, Hattori M, et al. Characteristics and modeling of ICPF actuator [J]. Kyoto, Japan：Inst. Syst. Contorl& Inf. Eng, 1994：691-698.

[31] Kanno R, Tadokoro S, Takamori T, et al. Linear approximate dynamic model of ICPF (ionic conducting polymer gel film) actuator. Minneapolis [C]. MN, USA：IEEE, 1996：219-225.

[32] 彭瀚旻. IPMC 人工肌肉机电性能建模及其在作动器上的应用 [D]. 南京：南京航空航天大学, 2010.

[33] Liwei Shi, Shuxiang Guo, Kinji Asaka. Modeling and Experiments of IPMC Actuators for the Position Precision of Underwater Legged Microrobots [C]. Proceeing of IEEE International Conference on Automation and Logistics, Zhengzhou, Chian, 2012 (8).

[34] 赵春丽, 王瑷珲. 基于演算子理论的 IPMC 人工肌肉精确位置控制 [J]. 计算机与现代化, 2012, 7：68-71.

[35] M. Deng, A. Wang. Robust non-linear control design to an ionic polymer metal composite with hysteresis using operator-based approach [J], IET Control Theory Applications, 2012, 6 (17)：2667-2675.

[36] 孔维健. IPMC 人工肌肉建模与控制研究 [D]. 沈阳：东北大学, 2008.

[37] Shahinpoor M, Bar Chohen Y, Xue T, et al. Ionic Ploymer-Metal Composites (IPMC) As Sensors and Actuators [C]. Proceedings of SPIE's 5th Annual International Symposium on Smart Structures and Materials, 1998, 3324-3327.

[38] Tondu B, Lopez P. Modeling and control of mckibben muscle robot actuator [J]. IEEE Control Syst Mag, 2000：15-38.

[39] Bar-Cohen Y. Electro-activepolymers：current capabilities and challenges [C]. Proceedings of the SPIE Smart Structures and Materials Symposium, EAPAD Conference, 2002：4695-4702.

[40] A. Wang, M. Deng, D. Wang. Operator-based robust nonlinear control for ionic polymer metal composite with uncertainties and hysteresis [J]. Lecture Notes in Artificial intelligence/Computer Science, 2010, 6424：135-146.

第3章 非线性鲁棒控制理论基础

3.1 自动控制理论概论

自动控制理论是自动控制科学的核心，是研究自动控制共同规律的技术科学。它是相对人工控制概念而言的，指的是在没人参与的情况下，利用控制装置使被控对象或过程自动地按预定规律运行。自动控制技术的研究有利于将人类从复杂、危险、烦琐的劳动环境中解放出来并大幅提高控制效率。

3.1.1 自动控制理论发展

自动控制理论至今已经过了四代的发展：经典控制理论、现代控制理论、大系统控制理论和智能控制理论。

经典控制理论是以传递函数为基础的一种控制理论，控制系统的分析与设计是建立在某种近似和（或）试探的基础上，控制对象一般是单输入单输出系统、线性定常系统[1,2]。经典控制理论可以追溯到1788年瓦特（J. Watt）发明的飞锤调速器。最终形成完整的自动控制理论体系，是在20世纪40年代末。最先使用的反馈控制装置是希腊人在公元前300年使用的浮子调节器。凯特斯比斯（Kitesibbios）在油灯中使用了浮子调节器以保持油面高度稳定。19世纪60年代是控制系统高速发展的时期，1868年，麦克斯韦尔（J. C. Maxwell）基于微分方程描述从理论上给出了它的稳定性条件。劳斯（E. J. Routh）和霍尔维茨（A. Hurwitz）分别于1877年和1895年独立给出了高阶线性系统的稳定性判据。1892年，李雅普诺夫（A. M. Lyapunov）给出了非线性系统的稳定性判据。在同一时期，维什哥热斯基（I. A. Vyshnegreskii）也用一种正规的数学理论描述了这种理论。1922年，米罗斯基（N. Minorsky）给出了位置控制系统的分析，并对PID三作用控制给出了控制规律公式。

1942 年，齐格勒（J. G. Zigler）和尼科尔斯（N. B. Nichols）又给出了 PID 控制器的最优参数整定法。上述方法基本上是时域方法。1932 年，奈奎斯特（Nyquist）提出了负反馈系统的频率域稳定性判据，这种方法只需利用频率响应的实验数据。1940年，波德（H. Bode）进一步研究通信系统频域方法，提出了频域响应的对数坐标图描述方法。1943 年，霍尔（A. C. Hall）利用传递函（复数域模型）和方框图，把通信工程的频域响应方法和机械工程的时域方法统一起来，人们称此方法为复域方法。频域分析法主要用于描述反馈放大器的带宽和其他频域指标。第二次世界大战结束时，经典控制技术和理论基本建立。1948 年，伊文斯（W. Evans）又进一步提出了属于经典方法的根轨迹设计法，它给出了系统参数变换与时域性能变化之间的关系。至此，复数域与频率域的方法进一步完善。

现代控制理论是在 20 世纪 50 年代中期迅速兴起的空间技术的推动下发展起来的[3,4]。空间技术的发展迫切要求建立新的控制原理，以解决诸如把宇宙火箭和人造卫星用最少燃料或最短时间准确地发射到预定轨道一类的控制问题。这类控制问题十分复杂，采用经典控制理论难以解决。1958 年，苏联科学家庞特里亚金提出了名为极大值原理的综合控制系统的新方法。在这之前，美国学者贝尔曼于 1954 年创立了动态规划，并在 1956 年应用于控制过程。他们的研究成果解决了空间技术中出现的复杂控制问题，并开拓了控制理论中最优控制理论这一新的领域。1960～1961年，美国学者卡尔曼和布什建立了卡尔曼—布什滤波理论，因而有可能有效地考虑控制问题中所存在的随机噪声的影响，把控制理论的研究范围扩大，包括了更为复杂的控制问题。几乎在同一时期内，贝尔曼、卡尔曼等人把状态空间法系统地引入控制理论中。状态空间法对揭示和认识控制系统的许多重要特性具有关键的作用。其中能控性和能观测性尤为重要，成为控制理论两个最基本的概念。

到了 20 世纪 60 年代初，一套以状态空间法、极大值原理、动态规划、卡尔曼—布什滤波为基础的分析和设计控制系统的新的原理和方法已经确立，这标志着现代控制理论的形成。

20 世纪 70 年代开始，出现了一些新的控制方法和理论，简称"大系统控制理论阶段"。

（1）现代频域方法，该方法以传递函数矩阵为数学模型，研究线性定常多变量系统。

（2）自适应控制理论和方法，该方法以系统辨识和参数估计为基础，处理被控对象不确定和缓时变，在实时辨识基础上在线确定最优控制规律。

（3）鲁棒控制方法，该方法在保证系统稳定性和其他性能基础上，设计不变的鲁棒控制器，以处理数学模型的不确定性。

（4）预测控制方法，该方法为一种计算机控制算法，在预测模型的基础上采用滚动优化和反馈校正，可以处理多变量系统。大系统理论是研究规模庞大、结构复杂、目标多样、功能综合、因素众多的工程与非工程大系统的自动化和有效控制的理论。大系统指在结构上和维数上都具有某种复杂性的系统。具有多目标、多属性、多层次、多变量等特点。如经济计划管理系统、信息分级处理系统、交通运输管理和控制系统、生态环境保护系统以及水源的分配管理系统等。大系统理论是 20 世纪 70 年代以来，在生产规模日益扩大、系统日益复杂的情况下发展起来的一个新领域。它的主要研究课题有大系统结构方案，稳定性、最优化以及模型简化等。大系统理论是以控制论、信息论、微电子学、社会经济学、生物生态学、运筹学和系统工程等学科为理论基础，以控制技术、信息与通信技术、电子计算机技术为基本条件而发展起来的。

智能控制理论的指导思想是依据人的思维方式和处理问题的技巧，解决那些目前需要人的智能才能解决的复杂的控制问题[5,6]。被控对象的复杂性体现为：模型的不确定性，高度非线性，分布式的传感器和执行器，动态突变，多时间标度，复杂的信息模式，庞大的数据量以及严格的特性指标等。而环境的复杂性则表现为变化的不确定性和难以辨识。试图用传统的控制理论和方法解决复杂的对象，复杂的环境和复杂的任务是不可能的。智能控制的方法包括模糊控制、神经网络控制、专家控制等方法。目前，自动控制理论还在继续发展，正向以控制论、信息论、仿生学、人工智能为基础的智能控制理论深入。

3.1.2　自动控制系统

为了实现各种复杂的控制任务，首先要将被控制对象和控制装置按照一定的方式连接起来，组成一个有机的整体，这就是自动控制系统。在自动控制系统中，被控对象的输出量即被控量是要求严格加以控制的物理量，它可以要求保持为某一恒定值，如温度、压力或飞行轨迹等；而控制装置则是对被控对象施加控制作用的相关机构的总体，它可以采用不同的原理和方式对被控对象进行控制，但最基本的一种是基于反馈控制原理的反馈控制系统。在反馈控制系统中，控制装置对被控装置施加的控制作用，是取自被控量的反馈信息，用于不断修正被控量和控制量之间的偏差，从而实现对被控量进行控制的任务，这就是反馈控制的原理。

经过 20 多年的发展，中国工业自动控制系统装置制造行业取得了长足的发展，尤其是 20 世纪 90 年代以来，中国工业自动控制系统装置制造行业的产量一直保持在年增长 20% 以上。2011 年，中国工业自动控制系统装置制造行业取得了令人瞩目的成绩，全年完成工业总产值 2056.04 亿元；产品销售收入 1996.73 亿元，同比增长 24.66%；实现利润总额 202.84 亿元，同比增长 28.74%。国产自动控制系统相继在火电、化肥、炼油领域取得了突破。中国的工业自动化市场主体主要由软硬件制造商、系统集成商、产品分销商等组成。在软硬件产品领域，中高端市场几乎由国外著名品牌产品垄断，并仍维持此种局面；在系统集成领域，跨国公司占据制造业的高端，具有深厚行业背景的公司在相关行业系统集成业务中占据主动，具有丰富应用经验的系统集成公司充满竞争力。在工业自动化市场，供应和需求之间存在错位。客户需要的是完整的能满足自身制造工艺的电气控制系统，而供应商提供的是各种标准化器件产品。行业不同，电气控制的差异非常大，甚至同一行业客户因各自工艺的不同导致需求也有很大差异。这种供需之间的矛盾为工业自动化行业创造了发展空间。中国拥有世界最大的工业自动控制系统装置市场，传统工业技术改造、工厂自动化、企业信息化需要大量的工业自动化系统，市场前景广阔。工业控制自动化技术正在向智能化、网络化和集成化方向发展。基于工业自动化控制较好的发展前景，预计 2015 年工业自动控制系统装置制造行业市场规模将超过 3500 亿元。随着工业自动控制系统装置制造行业竞争的不断加剧，大型工业自动控制系统装置制造企业间并购整合与资本运作日趋频繁，国内优秀的工业自动控制系统装置制造企业越来越重视对行业市场的研究，特别是对产业发展环境和产品购买者的深入研究。

控制理论主要为控制系统设计服务。按控制原理的不同，自动控制系统分为开环控制系统和闭环控制系统。开环控制系统中，系统输出只受输入的控制，控制精度和抑制干扰的特性都比较差。开环控制系统中，基于按时序进行逻辑控制的称为顺序控制系统，由顺序控制装置、检测元件、执行机构和被控工业对象所组成。主要应用于机械、化工、物料装卸运输等过程的控制以及机械手和生产自动线。闭环控制系统是建立在反馈原理基础之上的，利用输出量同期望值的偏差对系统进行控制，可获得比较好的控制性能。闭环控制系统又称反馈控制系统。按给定信号分类，自动控制系统可分为恒值控制系统、随动控制系统和程序控制系统。恒值控制系统即给定值不变，要求系统输出量以一定的精度接近给定希望值的系统。如生产过程中的温度、压力、流量、液位高度、电动机转速等自动控制系统属于恒值系统。随动控制系统是指给定值按未知时间函数变化，要求输出跟随给定值的变化，如跟随卫星的雷达天线系统。程序控制系统是指给定值按一定时间函数变化。

控制系统是指由控制主体、控制客体和控制媒体组成的具有自身目标和功能的管理系统。控制系统意味着通过它可以按照所希望的方式保持和改变机器、机构或其他设备内任何感兴趣或可变的量。控制系统同时是为了使被控制对象达到预定的理想状态而实施的。控制系统使被控制对象趋于某种需要的稳定状态。

3.1.3　自动控制系统单元

自动控制系统由被控对象和控制装置两大部分组成，根据其功能，后者又是由具有不同职能的基本元部件组成的。典型的控制系统主要包括以下基本单元。

被控对象，一般是指生产过程中需要进行控制的工作机械、装置或生产过程。描述被控对象工作状态的、需要进行控制的物理量就是被控量。

测量元件，用于对输出量进行测量，并将其反馈至输入端。如果测出的物理量属于非电量，大多情况下要把它转化成电量，以便利用电的手段加以处理。例如，测速发电机，就是将电动机轴的速度检测出来并转换成电压。

给定元件，职能是给出与期望的输出相对应的系统输入量，是一类产生系统控制指令的装置。

比较元件，是对实际输出值与给定元件给出的输入值进行比较，求出它们之间的偏差。常用的电量比较元件有差动放大器、电桥电路等。

放大元件，是将过于微弱的偏差信号加以放大，以足够的功率来推动执行机构或被控对象。当然，放大倍数越大，系统的反应越敏感。一般情况下，只要系统稳定，放大倍数应适当大些。

执行元件，功能是根据放大元件放大后的偏差信号，推动执行元件去控制被控对象，使其被控量按照设定的要求变化。通常电动机、液压马达等都可作为执行元件。

校正元件，又称补偿元件，用于改善系统的性能，通常以串联或反馈的方式连接在系统中。是为改善或提高系统的性能，在系统基本结构基础上附加参数可灵活调整的元件。

3.1.4　计算机控制系统

由计算机参与并作为核心环节的自动控制系统，被称为计算机控制系统。一个典型计算机控制系统结构如图 3-1 所示[7]。

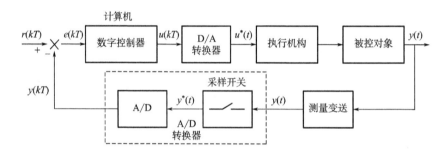

图 3-1　计算机控制系统典型结构

图 3-1 中包括四种信号，数字信号：$r(kT)$ ——给定输入，$y(kT)$ ——经 A/D 转换后的系统输出，$u(kT)$ ——由控制器计算的控制信号，$e(kT) = r(kT) - y(kT)$ ——偏差信号；模拟信号：$y(t)$ ——系统输出（被控制量）；离散模拟信号：$y^*(t)$ ——经过采样开关的被控量信号（时间上离散，幅值上连续）；量化模拟信号：$u^*(t)$ ——经 D/A 转换后的模拟控制信号（时间上连续、幅值上量化）。从图 1-1 可以看出，典型的计算机控制系统是连续—离散混合系统，其特点是：模拟、数字和离散模拟信号同在；输入输出均为模拟量的连续环节（被控对象、传感器）、输入和输出均为数字量的数字环节（数字控制器、偏差计算）、输入输出为两类不同量的离散模拟环节（A/D 和 D/A）共存。

如果忽略量化效应等因素，常将数字信号和离散模拟信号统称为离散信号，将量化模拟信号称为模拟信号，而模拟信号也可称为连续信号。模拟控制系统可称为连续控制系统，而计算机控制系统常称为数字控制系统，有时也简称为离散控制系统。

计算机控制系统与常规的连续（模拟）控制系统相比，通常具有如下优点。

（1）设计和控制灵活。计算机控制系统中，数字控制器的控制算法是通过编程的方法来实现的，所以，很容易实现多种控制算法，修改控制算法的参数也比较方便。还可以通过软件的标准化和模块化，这些控制软件可以反复、多次调用。

（2）能实现集中监视和操作。采用计算机控制时，由于计算机具有分时操作功能，可以监视几个或成十上百个的控制量，把生产过程的各个被控对象都管理起来，组成一个统一的控制系统，便于集中监视、集中操作管理。

（3）能实现综合控制。计算机控制不仅能实现常规的控制规律，而且由于计算机的记忆、逻辑功能和判断功能，可以综合生产的各方面情况，在环境与参数变化时，能及时进行判断、选择最合适的方案进行控制，必要时可以通过人机对话等方式进行人工干预，这些都是传统模拟控制无法胜任的。

（4）可靠性高，抗干扰能力强。在计算机控制系统中，一方面，可以利用程序实现故障的自诊断、自修复功能，使计算机控制系统具有很强的可维护性。另一方面，计算机控制系统的控制算法是通过软件的方式来实现的，程序代码存储于计算机中，一般情况下不会因外部干扰而改变，因此，计算机控制系统的抗干扰能力较强。

3.1.5 设计实际控制系统的一般要求

（1）可靠性高。计算机控制系统通常用于控制不间断的生产过程，在运行期间不允许停机检测，一旦发生故障将会导致质量事故，甚至生产事故。因此，要求计算机控制系统具有很高的可靠性。

（2）实时性好。计算机控制系统对生产过程进行实时控制与监测，因此，要求它必须实时地响应控制对象各种参数的变化。当过程的状态参数出现偏差或故障时，系统要能及时响应，并能实时地进行报警和处理。

（3）环境适应性强。有的工业现场环境复杂，存在电磁干扰，因此，要求计算机控制系统具有很强的环境适应能力，例如，对温度/湿度变化范围要求高；要具有防尘、防腐蚀、防振动冲击的能力等。

（4）过程输入和输出配套较好。计算机系统要具有丰富的多种功能的过程输入和输出配套模板，如模拟量、开关量、脉冲量、频率量等输入输出模板；具有多种类型的信号调理功能，如隔离型和非隔离型信号调理等。

（5）系统扩充性好。随着工厂自动化水平的提高，控制规模也在不断扩大，因此，要求计算机系统具有灵活的扩充性。

（6）系统开放性。要求计算机控制系统具有开放性体系结构，也就是说在主系统接口、网络通信、软件兼容及升级等方面遵守开放性原则，以便于系统扩充、异机种连接、软件的可移植和互换。

（7）控制软件包功能强。计算机控制系统应用软件包应具备丰富的控制算法，同时，还应具有人机交互方便、画面丰富、实时性好等性能。

3.1.6 控制系统设计的主要步骤

（1）控制系统设计目标的设定。

（2）对被控对象的分析及建立数学模型。

（3）控制系统设计方案的决定。

（4）Simulink 仿真。

（5）编写控制代码。

（6）控制器硬件实现。

3.2 非线性控制理论基础

控制理论可以分为两种：线性控制理论适用于元件均满足叠加原理的系统（线性系统），其统御方程是线性的微分方程，线性系统中若其参数不会随时间而改变，则称为线性时不变（LTI）系统，这类系统可以用强大的频域数学技巧加以分析，如拉普拉斯变换、傅里叶变换、Z 转换、波德图、根轨迹图及奈奎斯特稳定判据。非线性控制理论则是针对不符合叠加原理的系统（非线性系统），适用于较多的真实世界系统。众所周知，理想的线性系统在实际的工业生产过程中是不存在的。由于系统元器件本身的非线性及参数的变化，以及系统外界或内部因素的影响，使得系统具有非常复杂的非线性特性，所以，一般的线性系统的控制方法就在一定应用程度上受到限制。对于非线性系统的控制，大多数研究者都会采用将非线性系统近似线性化，然后采用线性系统的控制策略对非线性系统进行控制系统设计和控制。

但是，这种方法对于非线性特性不明显的系统的控制可能会有效，对于非线性特性十分强且系统控制精度要求高的非线性系统来说，很难采用一般的线性系统的控制方法来对其进行控制系统设计和控制。所以，如何采用新的控制策略对非线性系统进行控制系统设计和控制，受到了越来越多的研究人员的关注。如果系统至少包含一个非线性环节或单元，系统的运动规律，将由非线性微分方程或非线性算子来描述，那么我们就称该系统为非线性系统。非线性系统是不满足叠加定理的，在对非线性系统的分析求解过程中，它的解不一定是唯一存在的，而且非线性系统具有自治系统自激振荡、系统频率响应跳变、系统解的分叉及类似于随机系统出现的混沌等特殊现象。相对于线性系统而言，非线性系统具有以下不同的新的特点[8-13]。

（1）线性系统中叠加原理也已经适用，但非线性系统并不具备叠加性和齐次性，而这两点恰恰是线性系统最典型的特征。

（2）非线性系统往往会产生持续震荡的现象，也就是我们经常说的自持振荡现象；相比较而言，线性系统则往往会产生收敛和发散这两种运动形态。

（3）从输入信号的响应来看，输入信号能够较大程度地影响非线性系统的动态性能，但不会对线性系统的动态性能产生任何影响；除此之外，对非线性系统而言，系统的输出信号也有产生变形或失真的可能出现。

（4）从系统稳定性的角度出发，在非线性系统中，不管是输入信号的大小和种类，还是系统本身的初始状态，这些因素都会影响到非线性系统的稳定性；相反，在线性系统中，由于系统本身的参数和结构就已经决定了系统的稳定性，因此，不管系统的输入信号大小、种类和初始状态如何变化，它们都不会影响系统的稳定性。当输入信号是正弦函数时，非线性系统的输出会出现高次谐波的函数，而且函数的周期是非正弦周期的，也就是说系统的输出会产生倍频、分频、频率侵占等现象；同样的条件下，对于线性系统而言，则会出现完全不同的现象，即系统的输出也会是同频率的正弦函数，同样是一个稳态过程，而两者仅在相位和幅值上不同。

（5）在非线性系统中，存在于互换系统中的串联环节，也许会导致输出信号发生彻底的变化，甚至会把稳定的系统转变成一个不稳定的系统；但对于线性系统而言，系统输出响应并不会由于互换串联环节而发生变化。

（6）非线性系统的运动方式比线性系统要复杂得多，在一定的条件下，非线性系统会有一些特殊的现象，如突变、分岔、混沌。

对于非线性控制系统来说，通常可以采用下面的公式对其进行数学描述：

$$f\left(\frac{\mathrm{d}^n y}{\mathrm{d}t}, \frac{\mathrm{d}^{n-1} y}{\mathrm{d}t}, \cdots, \frac{\mathrm{d}y}{\mathrm{d}t}, y, u\right) = 0 \qquad (3-1)$$

式中：f 是一种非线性函数，y 是系统的输出量，u 是控制量。式（3-1）也可以转化成一个一阶非线性方程组，如式（3-2）所示：

$$\begin{cases} \dfrac{\mathrm{d}y_1}{\mathrm{d}t} = f_1(y_1, y_2, y_3, \cdots, y_n; u_1, u_2, u_3 \cdots, u_r; t) \\[2mm] \dfrac{\mathrm{d}y_2}{\mathrm{d}t} = f_2(y_1, y_2, y_3, \cdots, y_n; u_1, u_2, u_3 \cdots, u_r; t) \\[2mm] \dfrac{\mathrm{d}y_3}{\mathrm{d}t} = f_3(y_1, y_2, y_3, \cdots, y_n; u_1, u_2, u_3 \cdots, u_r; t) \\[2mm] \cdots \\[2mm] \dfrac{\mathrm{d}y_n}{\mathrm{d}t} = f_n(y_1, y_2, y_3, \cdots, y_n; u_1, u_2, u_3 \cdots, u_r; t) \end{cases} \qquad (3-2)$$

式中：$u_i(i = 1, 2, 3, \cdots, r)$，$y_i(i = 1, 2, 3, \cdots, n)$ 是状态变量，应用向量的表达方式，式（3-2）也可以写为如下的形式：

$$\frac{\mathrm{d}y}{\mathrm{d}t} = f(y, u, t) \qquad (3-3)$$

式中：$u = (u_1, u_2, u_3, \cdots, u_r)$ 是系统的控制向量，$y = (y_1, y_2, y_3, \cdots, y_n)$ 是系统的状态向量，$f = (f_1, f_2, f_3, \cdots, f_n)$ 是速度向量。由该式所描述的非线性控制系统，我们所希望的结果是，对于每一个输入，都可以满足下面的情况：一是至少存在一个解，也就是所谓的解的存在性；二是只存在一个解，也就是所谓的解的唯一性；三是对于时间半轴 $[0, \infty)$，式（3-3）只存在一个解；四是在 $[0, \infty)$ 上，式（3-3）只存在一个解，并且此解与初始值 $y(0)$ 存在连续变化的关系。然而这些条件对于非线性系统来说是非常苛刻的，而且只有函数 f 满足严格的要求才会实现。一般来说式（3-3）的解很难找到，即使存在也不能表达成解析形式，也只能对它进行数值计算或者近似估计。由此可以知道，与线性系统的控制相比，对于非线性系统的控制就没有那么容易了。

目前，非线性系统的分析及控制方法主要包括：描述函数法、相平面法、李雅普诺夫稳定性分析、奇异摄动问题、波夫判据、圆判据、反推控制、滑动模式控制、中心流形定理、小增益定理、无源性分析、增益规划、非线性阻尼等。

描述函数法（Describing Function），是控制系统中用近似方式处理非线性系统的方法，由 Nikolay Mitrofanovich Krylov 及尼古拉·博戈柳博夫在 20 世纪 30 年代提出，后来由 Ralph Kochenburger 延伸。描述函数是以准线性为基础，是用会依输入波形振幅而变化的线性时不变传递函数来近似非线性系统的作法。依照定义，真正线性时不变系统的传递函数不会随输入函数的振幅而变化（因为是线性系统）。因此，其和振幅的相依性就会产生一群的线性系统，这些系统结合起来的目的是得到近似非线性系统的特性。描述函数是少数广为应用来设计非线性系统的方法，描述函数是在分析闭回路控制器（如工业过程控制、伺服机构、电子振荡器）的极限环时，常见的数学工具。

相平面法（Phase Plane），是在应用数学（特别是非线性系统）中，视觉化的展示特定微分方程特征的方式。相平面是一个由两个状态变数为坐标轴组成的平面，例如，(x, y) 或 (q, p) 等。相平面是多维度相空间在二维空间中的例子。相平面法（Phase Plane Method）是指用绘图的方式，来确认微分方程的解中是否存在极限环。微分方程的解可以形成函数族。用绘图的方式，可以画在二维的相平面上，类似二维的向量场。向量会表示某一点对应特定参数（如时间）的导数，也就是 $(\mathrm{d}x/\mathrm{d}t, \mathrm{d}y/\mathrm{d}t)$，会绘制在对应的点上，以箭头表示。若有够多的点，就可以分析此区域内的系统行为，若有极限环，也可以识别出来。整个场即可形成相图，在流线上的特定路径（一个永远和向量相切的路径）即为相路径（phase path）。向量场上的相表示微分方程所说明的系统随时间的演化。相平面可以用来解析物理系统的行为，特别是振荡系统，例如，猎食者—猎物模型（可参考洛特卡—沃尔泰拉方程）。这些模型中的相路径可能是向内旋转，慢慢趋近 0，也可能是向外旋转，慢慢趋近无限大，或是接近中性的平衡位置。路径可能是圆形、椭圆或是其他形状。在判断其系统是否稳定时很有用。

李雅普诺夫稳定性（Lyapunov stability，或称作李亚普诺夫稳定性），在数学和自动控制领域中，可用于描述一个动力系统的稳定性。李雅普诺夫稳定性可用在线性及非线性的系统中。不过，线性系统的稳定性可由其他方式求得，因此，李雅普诺夫稳定性多半用来分析非线性系统的稳定性。李亚普诺夫稳定性的概念可以延伸到无限维的流形，即为结构稳定性，是考虑微分方程中一群不同但"接近"的解的行为。输入—状态稳定性（ISS）则是将李雅普诺夫稳定性应用在有输入的系统。

奇异摄动问题，是指数学上一个含有小参数的问题，但不能够直接以把小参数设为零来求得所有近似解的问题。在描述奇异摄动问题的方程里，小参数作为系数出现在含有最高阶次方或导数项里，如果按照常规摄动法把小参数设为零，将会导致方程降阶从而不能得到所有的近似解。奇异摄动的来源是这类问题里存在多个尺度。为了求得在每个尺度上的有效近似解，需要将方程用不同尺度规范化以得到新的方程。而新的方程则可以用常规摄动法来求近似解。

波夫判据（Popov Criterion），是非线性控制以及稳定性理论中的稳定性判据，由 Vasile M. Popov 所提出，是针对非线性特性满足开区间条件（open-sector condi-tion）之非线性系统的绝对稳定性。Popov 准则只适用于非时变的非线性系统，而圆判据可以用在时变的非线性系统。

圆判据（Circle Criterion），是非线性控制及稳定性理论中，针对非线性时变系统的稳定性判据。可以视为是针对线性时不变系统（LTI）的奈奎斯特稳定判据之扩展版本。

反推控制（Backstepping），也称为反演控制或反步法，是一种控制理论的技术，在约 1990 年时由 Petar V. Kokotovic 等人提出，针对特殊形式的非线性动力系统设计可以稳定系统的控制器。此系统是由许多子系统一层一层组成，最内层的子系统不可再简化，可以由其他方式稳定最内层的系统。由于此系统的递归结构，设计者可以最内层可稳定的系统为起始点，反推新的控制器来稳定较外层的子系统，此程序会一直进行至处理到最外层的外部控制命令为止。因此，此方式称作"反推控制"。

滑动模式控制（Sliding mode），简称 SMC，是一种非线性控制的技术，利用不连续的控制信号来调整非线性系统的特性，强迫系统在二个系统的正常状态之间滑动，最后进入稳态[14,15,17]。其状态—反馈控制律不是时间的连续函数。相反地，控制律会依目前在状态空间中的位置不同，可能从一个连续的控制系统切换到另一个连续的控制系统。因此，滑动模型控制属于变结构控制。已针对滑动模型控制设计了许多控制结构，目的是让相空间图中的轨迹可以前往和另一个控制结构之间相邻的区域，因此，最终的轨迹不会完全脱离某个控制结构。相反地，轨迹会在控制结构的边界上"滑动"。这种沿着控制结构之间边界滑动的行为称为"滑动模式"，而包括边界在内的几何轨迹称为滑动曲面（Sliding surface）。在现代控制理论的范围中，任何变结构系统（如滑动模式控制）都可以视为并合系统的特例，因为系统有些时候会在连续的状态空间中移动，有时也会在几个离散的控制模式中切换。

与线性系统相比，非线性系统的一个最主要的区别特征是：叠加原理不再适用于非线性系统，由于这个性质，就导致了非线性系统在学习和研究上的复杂性。这个复杂性，致使其理论的发展与线性系统理论相比，显得稚嫩和零散。非线性系统本身的复杂性及其数学处理上的一些困难，造成了到现在为止仍然没有一种普遍的方法可以用于处理所有类型的非线性系统。

由于非线性现象能反映出非线性系统的运动本质，所以，非线性现象是非线性系统所研究的对象。但是，用线性系统理论的知识却是无法来解释这类现象的，其主要缘故在于非线性系统有自激振荡、跳跃、谐振、分谐波振荡、多值响应、频率对振幅的依赖、异步抑制、频率插足、混沌和分岔等现象。

由于现在还没有普遍性的系统性的数学方法，可以用于处理非线性系统的问题，所以对非线性系统的分析要比对线性系统的复杂很多。从数学角度来看，非线性系统解的存在性和唯一性都值得研究；从控制方面来看，即使到现在为止的研究方法有不少，但还是没有能通用的方法。从工程应用方面来看，很多系统的输出过程是很难能精确求解出来的，所以，一般只考虑下面 3 种情况：系统是不是稳定的；系统是不是会产生自激振荡以及自激振荡的频率和振幅的计算方法；怎样来限制系统自激振荡的幅值以及用什么方法来消除它。

3.3 鲁棒控制理论基础

鲁棒控制（Robust Control）是指对未知对象的控制，其动态特性不受未知干扰的影响，其"鲁棒性"，是指控制系统在一定（结构、大小）的参数摄动下，维持某些性能的特性[18-22]。鲁棒控制是控制理论中的一个分支，是专门用来处理控制器设计时逼近的不确定性，主要的鲁棒控制理论有：Kharitonov 区间理论；H_∞ 控制理论；结构奇异值理论（μ 理论）等。

鲁棒控制方法，是对时间域或频率域来说，一般要假设过程动态特性的信息和它的变化范围。一些算法不需要精确的过程模型，但需要一些离线辨识。一般鲁棒控制系统的设计是以一些最差的情况为基础，因此，一般系统并不是在最优状态工作。

常用的设计方法有：INA 方法、同时镇定、完整性控制器设计、鲁棒控制、鲁棒 PID 控制、鲁棒极点配置、鲁棒观测器等。

鲁棒控制适用于稳定性和可靠性作为首要目标的应用，同时，过程的动态特性已知且不确定因素的变化范围可以预估。飞机和空间飞行器的控制是这类系统的例子。过程控制应用中，某些控制系统也可以用鲁棒控制方法设计，特别是对那些比较关键且不确定因素变化范围大、稳定裕度小的对象。但是，鲁棒控制系统的设计要由高级专家完成。一旦设计成功，就不需太多的人工干预。此外，如果要升级或作重大调整，系统就要重新设计。鲁棒控制方法一般应用于在一些集合（特别是紧集合）中存在不确定参数或者扰动的情况。鲁棒控制意在使系统具有鲁棒性，并在存在有界建模误差的情况下使系统稳定。

与自适应控制的对比，鲁棒控制专注于状态，而不是对变量的调整，控制器需要在基于某些变量未知但有界的假设下，才能够有效地工作。

一般来说，如果一个控制器是针对某个固定的参数集而设计，但是当它在一个不同的假设集下，依然能够很好地工作，控制器就是鲁棒的。高增益反馈是一个简单的鲁棒控制例子：在充分的高增益下，任何参数的变化所产生的影响都会被忽略不计。

由于工作状况变动、外部干扰以及建模误差的缘故，实际工业过程的精确模型很难得到，而系统的各种故障也将导致模型的不确定性，因此，可以说模型的不确定性在控制系统中广泛存在。如何设计一个固定的控制器，使具有不确定性的对象满足控制品质，也就是鲁棒控制。

通常在建立被控对象的数学模型的时候，我们无法得到完全精确的模型，也就是说，我们所建立的模型只是实际系统的近似表示或者简化表示。这主要是由于系统总是存在各种不确定性，如未建模的动态特性、测量的物理参数与真实值之间的误差、外界扰动等。鲁棒控制的优点是不需要在线设计控制器的参数，即使系统的动态特性发生了变化，系统仍然可以维持在理想的状态下运行。有些鲁棒算法不需要完全精确的系统模型，只需要离线进行辨识就可以。鲁棒控制的设计目标是考虑存在不确定性的情况下，使系统能够保持所需的控制性能。20 世纪中期开始，出现了有关鲁棒控制（Robust Control）方面的研究，从出现这种算法一直到现在，鲁棒控制一直是控制领域的热点问题，并且这股研究热潮有望一直得到持续。

在该理论发展的初始阶段，Zames 最早提出了基于微分灵敏度分析法的鲁棒控制方法。当时鲁棒控制主要的研究对象是单变量系统在极小的不确定性影响下的鲁棒性能。但是，在实际的工业生产过程中，不仅系统的故障会改变系统固有的参数，而且系统容易受到各种不确定因素的影响，这些变化通常是有界的扰动，而不是极小的扰动。为了解决这些问题，现代鲁棒控制应运而生，它研究了系统在有界扰动存在的情况下，仍然能使系统保持控制理想性能，它主要研究的内容是控制算法的可靠性和鲁棒控制器的设计方法。对系统进行鲁棒控制器设计的根本目的是使系统具有鲁棒性，在有界的不确定性存在的情况下仍能保证系统稳定。特别是对于以系统的稳定性和可靠性为控制目标，系统的不确定因素的范围可以预测，系统的动态性能已经知道的被控对象，鲁棒控制方法是很适合应用的。但是鲁棒控制也有一定的约束和条件，即需要在某些未知变量有界的条件下，才能够进行有效的控制。

在 Zames 提出鲁棒控制理论之后的 20 多年来，很多学者在他的基础之上不断深入研究，这些学者对鲁棒控制理论的发展做出了巨大的贡献，使得这一理论具有了更加宽泛的应用前景。众所周知，非线性控制系统存在的各种不同的复杂性，因此，非线性系统的鲁棒控制已成为控制领域的一个热门话题。

3.4　非线性鲁棒控制研究现状

鲁棒控制的早期研究，主要针对单变量系统（SISO）在微小摄动下的不确定性，具有代表性的是 Zames 提出的微分灵敏度分析。然而，实际工业过程中故障导致系统中参数的变化，这种变化是有界摄动而不是无穷小摄动。因此，产生了以讨论参数在有界摄动下系统性能保持和控制为内容的现代鲁棒控制。

现代鲁棒控制是一个着重控制算法可靠性研究的控制器设计方法。其设计目标是找到在实际环境中为保证安全要求控制系统最小必须满足的要求。一旦设计好这个控制器，它的参数不能改变而且控制性能有保证。

波特等人的早期控制方法已具有一定鲁棒性。早在 20 世纪 60、70 年代，状态空间方法刚被发明的时候，他们就发现有时候会缺少鲁棒性，并进行了进一步的研究和改进。这便是鲁棒控制的初始阶段，随后在 20 世纪 80~90 年代有具体的应用，并一直活跃至今。

鲁棒控制开始于 20 世纪 70 年代末期和 20 世纪 80 年代早期，并迅速发展出了许多处理有界系统不确定性的技术方法。最重要的鲁棒控制技术的例子是由剑桥大学的邓肯·麦克法兰和基思·格洛弗所提出的 H∞ 环路成形方法，使得系统对它频谱灵敏度达到最小，并且保证了当有扰动进入系统时，系统依然不会偏离期望轨迹太多。

从应用的角度来看，鲁棒控制的一个新兴领域是滑模控制（SMC），这是一种变化的变结构控制。滑模控制对于不确定性匹配的鲁棒性，以及设计上的简单化，使其有了极其广泛的应用。

传统的鲁棒控制都是用确定性的方式来处理问题，最近 20 年来此做法已受到批评，因为其太过僵化，无法描述实际应用的不确定性，而且也经常造成过度保守的解。因此，另一种处理方式是概率性的鲁棒控制，如用情境最优化来处理鲁棒控制的研究[23-25]。

另一个例子是回路传递恢复（LQF/LTR），旨在克服线性二次型高斯控制器（LQG 控制器）的鲁棒性问题。

传统的控制理论已经使人类控制环境和使其环境自动化已有几个世纪了。现代控制技术使工程师能够优化其构建的控制系统，以实现成本和性能。但是，最佳控制算法并不总是能够容忍控制系统或环境的变化。鲁棒控制理论是一种通过改变系统参数来测量控制系统性能变化的方法。该技术的应用对于构建可靠的嵌入式系统很重要。目的是允许探索设计空间，以寻找对系统变化不敏感并可以保持其稳定性和性能的替代方案。

为了获得鲁棒控制的观点，检查控制理论中的一些基本概念很有用。控制理论在历史上可以分为两个主要领域：常规控制和现代控制，常规控制涵盖了 1950 年以前开发的概念和技术，现代控制涵盖了 1950 年至今的技术，随着反馈理论的发展，常规控制变得很有趣；使用反馈来稳定控制系统，反馈控制的一种早期用途是开发用于稳定机车蒸汽机的飞球调速器，另一个例子是在 20 世纪 20 年代对电话信号使用反馈，问题是长线传输信号。由于失真，可以串联添加到电话线的中继器数量受到限制。Harold Stephen Black 提出了一种反馈系统，该系统将使用反馈来限制失真。

即使增加的反馈牺牲了中继器的一些增益，它也提高了整体性能。

常规控制依赖于使用微分方程开发控制系统的模型。然后，将 LaPlace 变换用于在频域中表达系统方程，在其中可以对其进行代数处理。对非线性系统来说，设计控制系统的一般方法是首先要对被控对象建立数学模型，然后对该系统进行分析并设计相应的控制系统。但是，在实际应用中，完全精确的非线性模型几乎是无法得到的。因而，对于非线性系统的鲁棒控制是国内外控制领域的重点科研方向。滑模控制的核心思想在于利用其高频开关特性迫使非线性系统的状态轨迹逐渐运动到设计好的滑模面上，并且维持其保持在滑模面运行的状态。在滑动控制中，一旦系统的运动轨迹到达了滑模面，系统将一直保持着滑模面上运行的状态，就得到理想的跟踪特性，而且与被控对象的参数无关，因此，滑模控制的优点之一是对不确定性的不敏感性，具有较好的鲁棒性能。文献［9］第一次将滑模变结构控制方法与机器人手臂的控制系统设计相结合，各个关节间的强耦合现象通过驱动系统进入滑模面的运行状态得以有效地抑制，提出的这个控制算法很好地解决了机器人手臂的定点调节的问题。众所周知，滑模面的设计对于滑模变结构的控制效果有着很大的影响，通过对常规的 PD 滑模面的改进，提出并设计了两种不同的控制器，各自都有自己的优缺点。具体来说，前者的结构更为简单，容易实现，但是后者对于参数进行在线估计，可以提高控制的精度，提升控制效果。在传统的滑模控制的基础上，文献［11］提出的终端滑模控制有着明显的优势，它只需要很小的控制增益，并且系统误差可以变得非常小。但是由于滑模控制存在的不连续控制方法，很容易出现抖振现象，这是滑模控制一直无法有效解决的问题，影响了其应用的范围和控制效果，不仅会造成部件运行过程中发生不必要的磨损，而且会引发未建模的动态特性。

鲁棒自适应方法是自适应控制和鲁棒控制相结合的一种控制方法。一般来说，采用鲁棒控制可以补偿非参数的不确定性，而参数的不确定性由自适应控制进行补偿[26-36]。具体分为以下两大类。

（1）自适应控制率的鲁棒增强方法的优点是在考虑到不确定性的情况下，如模型不确定性、未建模的动态和外界扰动等不确定因素，该方法可以保证系统的稳定性，误差和闭环信号均可以一致且有界。但是缺点是以系统的渐进稳定性为代价，系统误差无法趋近于零。

（2）不确定性上界参数的辨识方法[13] 的优点是无须对机器人手臂的每一个参数进行在线辨识，仅仅需要对估计函数中的几个标量参数进行辨识，即使机器人手臂的自由度的个数发生变化，这些标量的参数也不会发生变化。相对于自适应控制律的控制方法，不确定性上界参数的辨别方法只需要辨识很少的物理参数，对于多关节的机器人而言，该方法显然简单易行，极大地减少了计算量。此外，考虑到系统未建模动态和外界扰动的不确定性，仍然可以保证全局的收敛。虽然有着这样两个优点，但是该方法有着严格的实时性要求，对于那些具有反复性的、控制时间较长的系统并不适应此方法。

本书所描述的是基于演算子理论的非线性系统进行鲁棒控制，主要用非线性互质分解方法来讨论系统的鲁棒控制。对于非线性系统的控制理论，很多都是从线性系统控制理论中平移过来的。虽然线性系统的互质分解理论是非线性系统互质分解理论的基础，并且促使了它的形成，但是他们之间仍然存在非常大的区别，这导致了非线性系统的许多理论无法完全移植线性系统的理论进行控制，即使可以应用，也需要进行严密的论证，不能随意使用。对于线性系统，右互质分解可以由左互质分解的对偶变换得到。但是对于非线性系统，互质分解中不存在这样的关系。由于非线性算子不满足左分解 $C(A + B) = CA + CB$，因此，非线性系统的右互质分解理论得到了更为广泛的研究和应用[34-40]。正是由于这个原因，非线性系统的互质分解中存在的很多复杂的原因，需要更深入的研究。30 多年来，经过众多国内外专家学者的不懈努力，建立完善了非线性系统的互质分解理论，并且在多个控制领域，如系统稳定性、鲁棒稳定性、系统辨识、自适应控制、预测控制及状态观测器等都得到了广泛的研究和应用。

目前，非线性右互质分解主要有两种方法，一种方法是基于纯粹的输入/输出的基础上技术，另一种是移植于线性系统右互质分解方法中的传递矩阵，称作 Bezout 方法。这种方法是基于 Bezout 恒等式，该方法的右互质分解的控制思想是把一个非线性算子表示成两个非线性稳定算子之"比"，并且这两个算子可以满足 Bezout 恒等式。本文主要采用基于 Bezout 恒等式的右互质分解方法，对非线性系统进行鲁棒控制。

1998 年，G. Chen 和 Z. Han 提出了右互质分解的鲁棒性这一概念，指出了系统如果能够进行鲁棒互质分解，就能够保证系统的鲁棒稳定性。在此基础上，不断有学者对此方法进行深入研究，目前，这种方法已经应用到许多非线性系统的控制系统的设计中，如网络化铝板热过程、含有磁滞的人工肌肉系统、具有多输入多输出的机器人手臂系统等。通过分析上述文献可知，基于演算子理论的右互质分解方法能够有效地抑制系统的不确定性，并且通过设计跟踪控制器，可以实现跟踪性能。

3.5　本章小结

本章首先概括地介绍了自动控制技术和自动控制理论的研究现状和发展过程，计算机控制系统设计方法，非线性控制技术的研究现状、发展过程及设计方法，鲁棒非线性鲁棒控制技术的研究现状、发展过程及设计方法。

参考文献

[1] 胡寿松. 自动控制原理 [M]. 北京：科学出版社，2015.

[2] Gene F. Franklin，J. David Powell，Abbas Emami-Naeini，等. 自动控制原理与设计 [M]. 6 版. 李中华，等译. 北京：电子工业出版社，2013.

[3] 刘豹，唐万生. 现代控制理论 [M]. 3 版. 北京：机械工业出版社，2011.

[4] 王宏华. 现代控制理论 [M]. 3 版. 北京：电子工业出版社，2018.

[5] 刘金琨. 智能控制：理论基础、算法设计与应用 [M]. 北京：清华大学出版社，2019.

[6] 蔡自兴. 智能控制原理与应用 [M]. 3 版. 北京：清华大学出版社，2019.

[7] 王东云，王海泉，王瑷珲. 计算机控制系统理论与设计 [M]. 北京：中国纺织出版社，2013.

[8] 伊西多，王奔，庄圣贤. 非线性系统 [M]. 北京：电子工业出版社，2012.

[9] 瞿少成. 应用非线性控制技术 [M]. 长沙：国防科技大学出版社，2008.

[10] 程代展. 非线性系统的几何理论 [M]. 北京：科技出版社，1993.

[11] 冯纯伯，张侃健. 非线性系统的鲁棒控制 [M]. 北京：科学出版社，2004.

[12] 夏小华，高为炳. 非线性系统控制及解耦 [M]. 北京：科技出版社，1993.

[13] A. Isidori. Nonlinrar control systems [M]. 3rd ed. Berlin：Springer，1995.

[14] 刘金琨，孙富春. 滑模变结构控制理论及其算法研究与进展 [J]. 控制理论与应用，2007，24 (3)：407-418.

［15］穆效江，陈阳舟. 滑模变结构控制理论研究综述 ［J］. 控制工程，2007，14（1）：1-5.

［16］席裕庚. 预测控制 ［M］. 北京：国防工业出版社，1996.

［17］C. P. Tan, X. H. Yu, Z. H. Man. Terminal sliding mode observers for a class of nonlinear system ［J］. Automatica, 2010, 46 (8): 1401-1404.

［18］褚健，王骥程. 非线性系统的鲁棒性分析 ［J］. 信息与控制，1990，4（12）：29-32.

［19］梅生伟，申铁龙，刘康志. 现代鲁棒控制理论与应用 ［M］. 北京：清华大学出版社，2008.

［20］Z. Li, T. Chai, C. Wen, C. Soh. Robust output tracking for nonlinear uncertain systems ［J］. Systems & Control Letters, 1995, 25 (1): 53-61.

［21］R. J. P. de Figueiredo, G. Chen. An operator theory approach: Nonlinear feedback control systems ［M］. New York: Academic Press, INC. , 1993.

［22］X. Chen, G. Zhai. Observation for the descriptor systems with disturbances ［J］. Nonlinear Dynamics and Systems Theory, 2007, 7 (2): 121-139.

［23］B. D. O. Anderson, M. R. James. Robust stabilization of nonlinear plants via left coprime factorization ［J］. Systems &Control Letters, 1990, 15 (2): 125-135.

［24］A. D. B. Paice, J. B. Moore, D. J. N. Linebeers. Robust stabilization of nonlineear systems via normalized coprime factor representation ［M］. Automatica, 1998, 34 (12): 1593-1599.

［25］G. Chen, R. J. P. de Figueiredo. On construction of coprime factorization of nonlinear feedback control system ［J］. Circuit System Signal Process, 1992, 11: 285-307.

［26］D. Deng, A. Inoue, K. Ishikawa. Operator – based nonlinear feedback control design using robust right coprime factorization ［J］. IEEE Transactions on Automatic Control, 2006, 51 (4): 645-648.

［27］温盛军，毕淑慧，邓明聪. 一类新非线性控制方法：基于演算子理论的控制方法综述 ［J］. 自动化学报，2013，39（11）：1812-1819.

［28］朱芳来，罗建华. 基于算子理论的非线性系统互质分解方法及现状 ［J］. 桂林电子工业学院学报，2001，21（2）：18-23.

［29］S. Wen, D. Deng. Operator-based robust nonlinear control and fault detection for a peltier actuated thermal process ［J］. Mathematical and Computer Modelling, 2013, 57 (1-2): 16-29.

［30］B. D. O. Anderson, M. R. James, D. J. N Limebeer. Robust stabilization of nonlinear systems via normalized coprime factor representations ［J］. Automatica, 1998, 34 (12): 1593-1599.

［31］A. Wang, M. Deng. Operator-based robust nonlinear tracking control for a human multi-joint arm-like manipulator with unknown time-varying delays ［J］. Applied Mathematics & Information Sciences, 2012, 6 (3): 459-468.

［32］ A. Wang, Z. Ma, J. Luo. Operator-based robust nonlinear control analysis and design for a bio-inspired robot arm with measurement uncertainties ［J］. Journal of Robotics and Mechatronics, 2019, 31 (1): 104-109.

［33］ A. Wang, H. Yu, S. Cang. Bio-inspired robust control of a robot arm-and-hand system based on human viscoelastic properties ［J］. Journal of the Franklin Institute, 2017, 345 (4): 1759-1783.

［34］ A. Wang, D. Wang, H. Wang, S. Wen, M. Deng. Nonlinear perfect tracking control for a robot arm with uncertainties using operator-based robust right coprime factorization approach ［J］. Journal of Robotics and Mechatronics, 2015, 27 (1): 49-56.

［35］ A. Wang, M. Deng. Robust nonlinear multivariable tracking control design to a manipulator with unknown uncertainties using operator-based robust right coprime factorization ［J］. Transactions of the Institute of Measurement and Control, 2013, 35 (6): 788-797.

［36］ A. Wang, M. Deng. Operator-based robust control design for a human arm-like manipulator with time-varying delay measurements ［J］. International Journal of Control, Automation and Systems, 2013, 11 (6): 1112-1121.

［37］ A. Wang, G. Wei, H. Wang. Operator based robust nonlinear control design to an ionic polymer metal composite with uncertainties and input constraints ［J］. Applied Mathematics & Information Sciences, 2014, 8 (5): 1-7.

［38］ M. Deng, A. Wang. Robust nonlinear control design to an ionic polymer metal composite with hysteresis using operator based approach ［J］. IET Control Theory & Applications, 2012, 6 (17): 2667-2675.

［39］ A. Wang, M. Deng. Operator-based robust nonlinear control for a manipulator with human multi-joint arm-like viscoelastic properties ［J］. SICE: Journal of Control, Measurement, and System Integration, 2012, 5 (5): 296-303.

第 4 章 基于算子理论的 非线性控制技术

　　算子是对广泛运算的概括和抽象，算子理论是一种以输入空间的信号映射到输出空间的思想为基础的控制理论，它是一种先进的理论技术，所对应的研究对象并不需要近似化或线性化处理，因此，被证实很适合非线性系统的研究。将算子理论应用到控制系统中的好处是控制设计会相对简单些，因为能保证有界输入和有界输出的稳定性。

4.1　算子理论

　　演算子理论是一种控制理论，它的基本思想是以映射为基础，将一个信号从输入空间映射至输出空间[1-6]。演算子理论目前较为先进，与其相对应的控制对象不必再做近似线性化处理。通常来说，函数是数集到数集的映射，演算子也是一种映射关系，但是基于空间到空间的，它是对函数这一概念的进一步推广和研究。非线性的演算子的定义由 de Figueiredo 等人给出，这种定义使得我们在应用中无须再对非线性对象做线性化的处理，方便、适合运用到真实的工业环境之中[7-11]。

　　定义 1：演算子。

　　如图 4-1 所示，P 为一个非线性演算子，Q 为 $X \to Y$ 的映射。其中，X 为演算子 P 的输入空间，Y 为演算子 P 的输出空间。X、Y 都是赋范的线性空间。从数学的角度描述，$y(t) = Q(u)(t)$。其中，$u(t)$ 为 X 中的元素，$y(t)$ 为 Y 中元素。

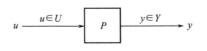

图 4-1　演算子

定义 2：输入输出有界稳定（BIBO：Bounded-input Bounded-output）。

如图 4-2 所示，Q 为一个稳定算子。令 X、Y 为实数域的线性空间，令 X_S、Y_S 为标准线性子空间，分别称为 X、Y 的稳定子空间。一般的，定义 $X_S = \{x \in X: \|x\| < \infty\}$，$Y_S = \{y \in Y: \|y\| < \infty\}$。一般地，若 $P(X_S) \subseteq Y_S$，则算子 Q：$X \rightarrow Y$ 称为 BIBO[8]。

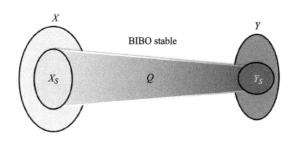

图 4-2　稳定算子与输入输出有界稳定

赋范线性空间就是定义了范数的线性空间，所谓范数就是线性空间到数域的一个映射，其满足范数公理（正定性，齐次性，三角不等式）。

定义 3：赋范线性空间。

设 E 是实数域（或复数域）K 上的线性空间。若 $\forall x \in E \xrightarrow{\text{按一定规律}} \exists$ 实数 $\|x\| \geq 0$，且满足以下范数公理[8]：

（1）正定性：$\|x\| \geq 0$，当且仅当 $x=0$ 时，$\|x\|=0$；

（2）齐次性：$\|\alpha x\| = |\alpha| \cdot \|x\|$；

（3）三角不等式：$\forall x, y \in E$，有 $\|x+y\| \leq \|x\| + \|y\|$。

则把 $\|x\|$ 当作 x 的范数、E 是赋范线性空间，表示为 $(E, \|\cdot\|)$ 或 E。

定义 4：算子 P 的范数。

算子 P 的范数表示为[8] 式（4-1）：

$$\|P\| = \|P(0)\| + \sup_{u \in U, u \neq 0} \frac{\|P(u) - P(0)\|}{\|u\|} \tag{4-1}$$

也可表示为式（4-2）：

$$\|P\| = \|P(u_0)\| + \sup_{\substack{u_1, u_2 \in U, \\ u_1 \neq u_2}} \frac{\|P(u_1) - P(u_2)\|}{\|u_1 - u_2\|} \tag{4-2}$$

定义 5：单模算子。

令 $S(X, Y)$ 为 $X \rightarrow Y$ 上的稳定算子，则存在 $S(X, Y)$ 的子集 $u(X, Y)$，有：

$$u(X,Y) = \{M : M \in S(X,Y)\} \tag{4-3}$$

式中：M 可逆且 $M^{-1} \in S(Y, X)$。$u(X, Y)$ 中的元素，即 M，称为单模算子[8]。

下面将对广义 Lipschitz 算子进行介绍，它是定义在扩展性空间的算子。

定义 6：截断算子。

令 Z 为包含定义在区间 $[0, \infty)$ 上的所有实值可测函数的线性空间。对任意常数 $T \in [0, \infty)$，令 P_T 为从线性空间 Z 映射到另一包含可测函数的线性空间 Z_T 的投影算子：

$$f_T(t) := P_T(f)(t) = \begin{cases} f(t), t \leq T \\ 0, t > T \end{cases} \tag{4-4}$$

式中：$f_T(t) \in Z_T$ 称为 $f(t)$ 的截断。则对于任意给定的可测函数的 Banach 空间 X，设：

$$X^e = \{f \in Z : \|f_T\|_X < \infty, \text{for all} \, T < \infty\} \tag{4-5}$$

显然，X^e 为 Z 的线性子空间，它是 Banach 空间 X 的扩展线性空间。

值得注意的是，扩展线性空间并不是 Banach 空间，但是它由相关的 Banach 空间决定。扩展线性空间之所以应用广泛，是因为在实际运用中，所有控制信号均是有限时间连续的。

定义 7：广义的 Lipschitz 算子。

令 X^e、Y^e 为两个扩展的 Banach 空间，它们与定义在 $[0, \infty)$ 上的实数域函数的 Banach 空间相关联，且有子空间 U 满足 $U \subseteq Y^e$。非线性算子 $P: U \rightarrow Y^e$ 被称为 U 上的广义 Lipschitz 算子[8]。

如果存在常数 c 满足：

$$\| [P_x]_T - [P_s]_T \|_Y \leq c \| x_T - s_T \|_X \tag{4-6}$$

式中：$\forall x, s \in U$ 且 $T \in [0, \infty)$。这样最小的 c 由式（4-7）决定：

$$\| P \| := \sup_{T \in [0,\infty)} \sup_{\substack{x,s \in U \\ x \neq s}} \frac{\| [P_x]_T - [G_s]_T \|_Y}{\| x_T - s_T \|_X} \tag{4-7}$$

c 被称为广义 Lipschitz 算子的子范数和非线性算子 P 的实范数。

非线性算子的实范数由式（4-8）定义：

$$\| P \|_{Lip} = \| P_0 \|_Y + \| P \| = \| P_0 \|_Y + \sup_{T \in [0,\infty)} \sup_{\substack{x,s \in U \\ x \neq s}} \frac{\| [P_x]_T - [P_s]_T \|_Y}{\| x_T - s_T \|_X}$$

$$\tag{4-8}$$

此外，如果一个 Lipschitz 算子是稳定的，那么它被称为是有限增益稳定的。由式（4-5）可以得到：

$$\| [P_x]_Y - [P_s]_T \| \leqslant \| P \| \| x_T - s_T \|_X \leqslant \| P \|_{Lip} \| x_T - s_T \|_X, T \in [0, \infty)$$

$$(4-9)$$

因标准 Lipschize 算子与广义 Lipschize 算子范围与域并不相同，所以，二者并无可比性。对于非线性系统输入控制信号的稳定性、鲁棒性、唯一性的控制及设计方面而言，广义 Lipschize 算子比标准 Lipschize 算子更具实用性。

本书中所有的有界线性算子是广义 Lipschitz 算子，我们并不是只考虑有限增益稳定，因为输入空间中的输入函数可能被映射到它的变化范围内的某个地方，而不在其输出空间中，所以，一个有限增益算子在上述定义 7 下可能是不稳定的[3]。

4.2　基于算子理论的右互质分解技术

基于算子理论的右互质分解技术不被输入信号的形式所牵制，现已成为解决非线性控制系统的分析和应用等问题的有效方法。以下将给出该方法的相关定义。

定义 8：反馈控制系统的适定。

对于一个反馈控制系统，如果组成系统的每个环节都是因果的，而且对给定的输入，系统内部的每个信号都是唯一被确定的，那么就称这个系统是适定的。

定义 9：算子的右分解。

如图 4-3 所示，如果具有因果稳定的算子 N：$W \rightarrow Y$，D：$W \rightarrow U$，D 在 U 上可逆，且满足等式[7-10]：

$$P = ND^{-1} \text{ 或 } PD = N \qquad (4-10)$$

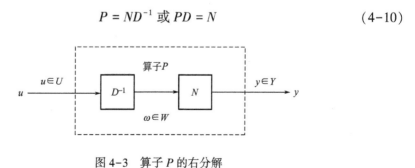

图 4-3　算子 P 的右分解

则认为算子 P 存在右分解。如果 N 与 D 均为稳定的算子，则 P 被认为存在稳定的右分解。

算子 D：$W \to U$ 可逆是算子 P 具有右分解的充分必要条件，并且 $D(W_s) \subset D_0(P)$。

证明：

必要性：设 P 有右分解 $P = ND^{-1}$。$\forall u \in D(W_s) \subset U_s$，$\exists w \in W_s$，使得 $u = D(w)$，从而 $P(u) = PD(w) = N(w) \in Y_s$。所以 $u \in U_s \cap G^{-1}(Y_s) = D_0(P)$，从而有 $D(W_s) \subset D_0(P)$。

充分性：若存在 D：$W \to U$ 可逆，且 $D(W_s) \subset D_0(P)$。则：

(1) $D(W_s) \subset U_s$，D 稳定；

(2) 作 $N = PD$：$W \to Y$。$\forall w \in W_s$，$D(w) \in D(W_s) \subset D_0(P) \subset P^{-1}(Y_s)$，所以 $N(w) = PD(w) \in Y_s$。N 稳定。

所以 $P = ND^{-1}$，N、D 稳定。证毕。

基于算子理论的非线性右互质分解技术，有两种理论方法：一种是关于输入—输出理论，另一种是基于 Bezout 等式的理论。

例：

$$y(t) = P(u)(t) = \frac{1}{cm} \mathrm{e}^{-At} \int_0^t \mathrm{e}^{A\tau} u(\tau) \mathrm{d}\tau \tag{4-11}$$

取算子：

$$D:W \to U:u = D(w) = cmw \tag{4-12}$$

是线性放大器，故算子 D 是稳定的且在 U 上可逆，其逆算子 D^{-1}：$U \to W$ 为：

$$D^{-1}(u) = \frac{1}{cm}u \tag{4-13}$$

取算子 N：$W \to Y$ 为：

$$y = N(w) = \mathrm{e}^{-At} \int_0^t \mathrm{e}^{A\tau} w(\tau) \mathrm{d}\tau \tag{4-14}$$

有：

$$|y| = \left| \mathrm{e}^{-At} \int_0^t \mathrm{e}^{A\tau} w(\tau) \mathrm{d}\tau \right| \leqslant \int_0^t |w(\tau)| \mathrm{d}\tau \tag{4-15}$$

可见算子 N：$W \to Y$ 是稳定的。

不难验证，对任一输入信号函数 $u \in U$ 有：

$$ND^{-1}(u) = N[D^{-1}(u)] = N\left(\frac{1}{cm}u\right)$$

$$= \mathrm{e}^{-At}\int_0^t \mathrm{e}^{A\tau}\frac{1}{cm}u(\tau)\mathrm{d}\tau = \frac{1}{cm}\mathrm{e}^{-At}\int_0^t \mathrm{e}^{A\tau}u(\tau)\mathrm{d}\tau = P(u)$$

$$(4-16)$$

即有：

$$P = ND^{-1}X \qquad (4-17)$$

定义 10：算子的右互质分解。

如果 P 存在右分解 $P = ND^{-1}$，且 N 和 D 在 W 上没有伪状态，则称 P 存在右互质分解。

所谓 W 上的伪状态 w，是指 $w \in W - W_s$，使得 $N(w) \in Y_s$，且 $D(w) \in U_s$，如图 4-4 所示[5]。

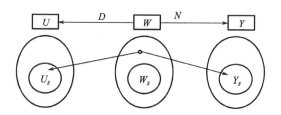

图 4-4　算子分解的伪状态

另外，设 N 和 D 是 P 的 $f.g.$ 稳定的右分解。如果 $D(W_s) = D_0(P)$，且存在 $\alpha > 0$，使得：

$$\left\|\binom{D}{N}w\right\| \geq \alpha\|w\|, \forall w \in W_s \qquad (4-18)$$

则称这个 $f.g.$ 稳定的右分解是互质的。

本章在对系统进行右互质分解时，用到的是基于 Bezout 的方法，有关 Bezout 方法下非线性算子的右互质分解，是基于图 4-5 所示的非线性反馈控制系统，设算子 P 有右分解 $P = ND^{-1}$，若能找到两个稳定的算子 $A: Y \to U$，$B: U \to U$，满足 Bezout 等式：

$$AN + BD = M \qquad (4-19)$$

式中：B 可逆，$M \in \mu(WU)$ 为单模算子，则称 P 存在右互质分解，也可以称分解是互质的[7,9-10]。

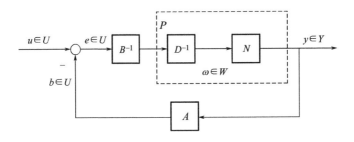

图 4-5　基于演算子理论的非线性反馈控制系统

一般地，P 并不稳定，算子 A、N、B、D 均为被设计的对象。另外，值得我们留心的一个地方是，应当注意到系统的初始状态，要求符合条件式（4-20）：

$$AN(\omega_0, t_0) + BD(\omega_0, t_0) = M(\omega_0, t_0) \qquad (4-20)$$

Bezout 方法的实质为：利用右互质分解技术将一个非线性算子以两个非线性稳定算子"比"的形式表示出来，再相应地找出两个稳定算子，与上述提及的算子一起满足 Bezout 恒等式。Bezout 方法能够对系统鲁棒稳定、跟踪控制等方面的一些难题有比较优良的解决办法，并且 Bezout 等式里面的相关参数能够被用作构建控制器。但是，该方法的缺点是对于 Bezout 等式的求解过程较为困难繁杂。

定义 11：幺模（阵）算子。

设图 4-5 中的控制系统是适定的，如果系统有右分解 $P = ND^{-1}$，那么系统是全局稳定的，当且仅当算子是幺模（阵）算子。

定义 11 表示如果系统 P 存在右分解 $P = ND^{-1}$，且 N 和 D 满足 Bezout 等式 $SN + RD = M$，M 为幺模算子，那么该系统是全局稳定的。

然而，在满足 Bezout 等式后，可以得到图 4-5 的等效系统图 4-6。输出和参考输入关系可以表示成式（4-21）[7]：

$$y(t) = NM^{-1}(r)(t) \qquad (4-21)$$

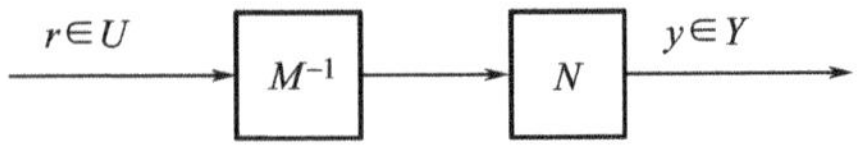

$r \in U$　M^{-1}　N　$y \in Y$

图 4-6　图 4-5 控制系统的等效系统图

如果输出空间和参考输入空间相同，即：

$$NM^{-1} = I \qquad (4-22)$$

那么系统的输出就能跟踪上输入信号。由于用此方法设计的控制器 S 和 R，既满足互质分解，也能保证系统的输出信号跟踪性能，简单的称条件式（4-21）为一般条件[7]。

4.3 基于算子理论的鲁棒右互质分解技术

针对非线性系统建立的数学模型，是影响控制器设计的主要因素，也是其设计的重要依据。然而，因为非线性系统建模过程中具有参数不确定性（由于参数的变化而引起的模型参数改变）、结构不确定性以及外部扰动等问题，所以会令得到的系统数学模型与真实系统之间有所不同。控制系统内、外部的各种不确定性，令非线性系统鲁棒性能方面的探究变得非常关键。系统的鲁棒特性，表示的是系统能够抵制不确定性的水平。通俗地说，鲁棒性能的研究主要就是为了应对系统不确定性的问题。其中不确定性是对于系统局部的不完全认识，未必就是绝对的无认知或者是完全没有规则的变化。拥有较好的鲁棒性能，则可确保控制系统尽可能小地受到不确定性对系统稳定的影响。也就是说，系统的鲁棒控制，就是在具有不确定性的前提下，系统的稳定性仍然可以得到保障。鲁棒控制的实质性目的，是在模型并不够精准且有来自外界干扰的前提条件下，找出一个合适可用的方法，使得系统能够稳定并达到对控制性能的需求。

右互质分解技术目前在线性系统方面的发展已经较为成熟。其理论研究已比较深入，应用方面也得到了极大的推广，因此，该方法在线性系统中得到了广泛认可。但是，对于非线性系统而言，由于系统本身中一些无法避免问题的存在，如时滞、不确定性、多变量、多约束条件等许多问题，因此，这种方法在非线性控制系统中的运用遭受了层层阻碍。然而，世界各国的专家学者克服种种困难，使得该方法在非线性系统理论中得以推广，并应用在实际系统中，取得了一定的成果。在具有未知不确定性的情况下，若是这个不确定性有界，文献［45］给出了右互质分解技术保证非线性控制系统鲁棒稳定性的条件；为了抑制系统不确定部分对控制系统造成的影响，文献［46］针对带有未知不确定部分的非线性控制系统，运用鲁棒右互质分解技术，给出了一个基于空集概念的充分条件，不过因为不确定部分的未知性，使得该条件的实现极具难度。针对这个问题，文献［9］给出了 Lipschize 不等式，令鲁棒稳定的条件变得简单。以下部分为鲁棒右互质分解的相关介绍及定义。

定义 12：鲁棒右互质分解特性。

图 4-7 中虚线部分 P 代表真实系统，ΔP 为真实系统中的不确定部分，令 $\widetilde{P}=P+\Delta P$。若含有未知不确定部分的真实系统 $\widetilde{P}$ 具有右互质分解：

$$\widetilde{P} = P + \Delta P = (N + \Delta N)D^{-1} \tag{4-23}$$

则称标称系统 P 具有鲁棒右互质分解特性。

式中：$\Delta N = \Delta P \cdot D$。在研究非线性系统的鲁棒性时，我们可以默认为系统的不确定部分均归为算子 N 内，即 $N \to N+\Delta N$。

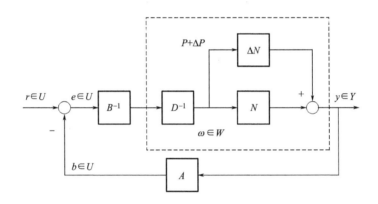

图 4-7 基于演算子理论的鲁棒右互质分解控制系统（单输入单输出）

基于 Lipschitz 算子的概念，在文献［9］中提出了含有不确定性的非线性反馈控制系统，其控制框图如图 4-7 所示，U 和 Y 表示给定模型算子 P 的输入输出空间，例如，$P:U \to Y$, r 和 y 分别是系统的参考输入和系统输出。标称模型和不确定模型分别是 P 和 ΔP，真实模型 $\widetilde{P}=P+\Delta P$。标称模型 P 和真实模型 $\widetilde{P}$ 的右分解分别为 $P=ND^{-1}$, $P+\Delta P=(N+\Delta N)D^{-1}$，这里的 N、ΔN 和 D 都是稳定的算子，且 D 是可逆的，ΔN 是未知的，但是上下界是已知的。此外，这个分解是互质的，或者说 P 具有右互质分解，如果存在两个稳定的算子 $A:Y \to U$ 和 $B:U \to U$ 满足 Bezout 恒等式：

$$AN + BD = M \tag{4-24}$$

定理 1：假设非线性稳定算子 P 存在右互质分解 $P=ND^{-1}$, $N:W \to Y$, $D:W \to U$，其所受的未知扰动为 $\Delta P:U \to Y$。在 N 上的扰动为 $\Delta N = \Delta P \cdot D$。若有：$\Delta P \cdot D$ 是稳定的映射，则算子 P 在未知扰动 ΔP 下是鲁棒稳定的，或称算子 P

在 ΔP 下具有鲁棒稳定性[9-16]，即：

$$P+\Delta P=(N+\Delta N)D^{-1} \tag{4-25}$$

通常，并不硬性要求算子 P 是稳定的，则有以下定理：

定理 2：假设算子 P：$U \rightarrow Y$ 存在右互质分解 $P=ND^{-1}$，且其所遭受的未知扰动为 ΔP：$U \rightarrow Y$，在 N 上的 $\Delta N=\Delta P \cdot D$。若未知扰动 ΔP 为是稳定的，那么在 ΔP 的影响下，依旧能够鲁棒右互质分解[17-21]。

定理 3：假设算子 P：$U \rightarrow Y$ 存在右互质分解 $P=ND^{-1}$，且其所遭受到的未知扰动为 ΔP：$U \rightarrow Y$，在 N 上的 $\Delta N=\Delta P \cdot D$。$\Delta P=\Delta N \cdot D^{-1}$ 是右互质分解也就表示 $P+\Delta P=(N+\Delta N)D^{-1}$ 具有同样的效果。

基于 Lipschitz 算子的定义，文献［9］给出了带有不确定部分的非线性反馈控制系统，即图 4-7 所示系统。U 和 Y 分别代表非线性算子 P 的输入、输出空间，P：$U \rightarrow Y$。r 为系统的参考输入，y 为系统的输出。系统建立的数学模型 P 称为标称系统，$\widetilde{P}$ 为真实系统，由标称系统 P 和系统不确定部分 ΔP 构成。标称系统的右分解为 $P=ND^{-1}$，真实系统的右分解为 $\widetilde{P}=P+\Delta P=(N+\Delta N)D^{-1}$。$N$、$\Delta N$ 和 D 全部为稳定的算子，D 可逆。ΔN 不明确，但是它的上下界是给出了的。若有稳定的算子 A 和 B，使得 A、N、B、D 满足 Bezout 等式：

$$AN + BD = M \tag{4-26}$$

则算子 P 具有右互质分解。其中，B 可逆，$M \in (W, U)$ 为单模算子。

在式（4-22）的基础上，若有：

$$\begin{cases} A(N + \Delta N) + BD = \widetilde{M} \in u(W,U) \\ \| [A(N + \Delta N) - AN]M^{-1} \| < 1 \end{cases} \tag{4-27}$$

那么，这个系统就是单输入单输出（BIBO）稳定的。即该非线性系统是鲁棒稳定的[9]。其中，$\widetilde{M}$ 为单模算子。

当满足式（4-27）时，在式中的 $A(N + \Delta N) + BD = \widetilde{M} \in u(W, U)$ 隐含了图 4-7 系统的一个条件：

$$y(t) = (N + \Delta N)M^{-1}r(t) \tag{4-28}$$

从式（4-28）中可以发现，如果有 $(N + \Delta N)M^{-1} = I$，则系统输出跟踪上了参考输入。但是在真实环境中，ΔN 一般都是未知的。所以，想要符合 $(N + \Delta N)M^{-1} = I$ 这个条件难度非常大。因此，在后续的章节中会针对这个问题进行研究，也就是在考虑保证非线性系统鲁棒稳定的前提条件下，如何设计精确跟踪控制器。

类似地，基于演算子理论的鲁棒右互质分解理论，考虑不确定性的影响下，提出了多输入多输出的非线性系统的鲁棒控制反馈系统[22,23]。假设标称模型 P 和真实模型 $\widetilde{P}=P+\Delta P$ 有右分解，即 $P=ND^{-1}$ 和 $\widetilde{P}=\widetilde{N}D^{-1}=(N+\Delta N)D^{-1}$，也就是说：

$$\begin{cases} P_i = N_i D_i^{-1}, i = 1,2,\cdots,n \\ P_i + \Delta P_i = (N_i + \Delta N_i) D_i^{-1}, i = 1,2,\cdots,n \end{cases} \tag{4-29}$$

式中：N_i，ΔN_i 和 D_i 是稳定算子，D_i^{-1} 是可逆的，ΔN_i 虽然未知的，但已知其上下界。因此，对于含有不确定性和耦合效应的多输入多输出的非线性系统（图 4-8），标称模型和真实模型分别满足 Bezout 恒等式：

$$A_i N_i + B_i D_i = M_i \in S(W,U) \tag{4-30}$$

$$A_i(N_i + \Delta N_i) + B_i D_i = M_i \in S(W,U) \tag{4-31}$$

这样鲁棒 BIBO 稳定可以保证，通过满足：

$$\| [A_i(N_i + \Delta N_i) - A_i N_i] M_i^{-1} \| < 1, i = 1,2,\cdots,n \tag{4-32}$$

需要注意最初状态应被考虑，即 $AN(w_0, t_0) + BD(w_0, t_0) = M(w_0, t_0)$ 应该被满足。在本文中，选取 $t_0 = 0$ 和 $w_0 = 0$。

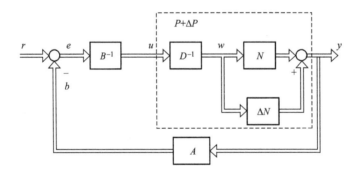

图 4-8　含有不确定性的多输入多输出非线性反馈控制系统

4.4　本章小结

本章主要介绍了算子理论、基于算子理论的右互质分解技术和基于算子理论的鲁棒右互质分解技术的基本概念和原理进行了阐述。给出了演算子、输入输出有界稳定、赋范线性空间、算子 P 的范数、单模算子、截断算子、广义的 Lipschitz 算子、算子的右分解和算子的右互质分解的基本定义和概念。

参考文献

［1］ R. J. P. de Figueiredo, G. Chen. An operator theory approach, Nonlinear feedback control systems ［M］. New York: Academic Press, INC., 1993.

［2］ A. Banos. Stabilization of nonlinear systems based on a generalized bezout identity ［J］. Automatica, 1996, 32 (4): 591-95.

［3］ E. D. Sontag. Smooth stabilization implies coprime factorization ［J］. IEEE Transactions on Automatic Control, 1989, 34 (4): 435-443.

［4］ O. Staffans. Admissible factorizations of Hankel operators induce well-posed linear systems ［J］. Systems & Control Letters, 1999, 37 (5): 301-307.

［5］ M. S. Verma. Coprime fractional representations and stability of nonlinear feedback systems ［J］. International Journal of Control, 1988, 48 (3): 897-918.

［6］ M. S. Verma, L. R. Hunt. Right coprime factorizations and stabilization for nonlinear systems ［J］. IEEE Transactions on Automatic Control, 1993, 38 (2): 222-231.

［7］ G. Chen, Z. Han. Robust right coprime factorization and robust stabilization of nonlinear feedback control systems ［J］. IEEE Transaction on Automatic Control, 1998, 43 (10): 1505-1510.

［8］ G. Chen, R. J. P. de Figueiredo. On construction of coprime factorization of nonlinear feedback control system ［J］. Circuit System Signal Process, 1992, 11: 285-307.

［9］ D. Deng, A. Inoue, K. Ishikawa. Operator-based nonlinear feedback control design using robust right coprime factorization ［J］. IEEE Transactions on Automatic Control, 2006, 51 (4): 645-648.

［10］ 温盛军, 毕淑慧, 邓明聪. 一类新非线性控制方法: 基于演算子理论的控制方法综述 ［J］. 自动化学报, 2013, 39 (11): 1812-1819.

［11］ 朱芳来, 罗建华. 基于算子理论的非线性系统互质分解方法及现状 ［J］. 桂林电子工业学院学报, 2001, 21 (2): 18-23.

［12］ S. Wen, D. Deng. Operator-based robust nonlinear control and fault detection for a peltier actuated thermal process ［J］. Mathematical and Computer Modelling, 2013, 57 (1-2): 16-29.

［13］ B. D. O. Anderson, M. R. James, D. J. N Limebeer. Robust stabilization of nonlinear systems via normalized coprime factor representations ［J］. Automatica, 1998, 34 (12): 1593-1599.

［14］ A. Wang, M. Deng. Operator-based robust nonlinear tracking control for a human multi-joint arm-like manipulator with unknown time-varying delays ［J］. Applied Mathematics & Information Sciences, 2012, 6 (3): 459-468.

［15］ A. Wang, Z. Ma, J. Luo. Operator-based robust nonlinear control analysis and design for abio-inspired robot arm with measurement uncertainties ［J］. Journal of Robotics and Mechatronics, 2019, 31 (1): 104-109.

［16］ A. Wang, H. Yu, S. Cang. Bio-inspired robust control of a robot arm-and-hand system based on human viscoelastic properties ［J］. Journal of the Franklin Institute, 2017, 345 (4): 1759-1783.

［17］ A. Wang, D. Wang, H. Wang, et al. Nonlinear perfect tracking control for a robot arm with uncertainties using operator-based robust right coprime factorization approach ［J］. Journal of Robotics and Mechatronics, 2015, 27 (1): 49-56.

［18］ A. Wang, M. Deng. Operator-based robust control design for a human arm-like manipulator with time-varying delay measurements ［J］. International Journal of Control, Automation, and Systems, 2013, 11 (6): 1112-1121.

［19］ A. Wang, G. Wei, H. Wang. Operator based robust nonlinear control design to an ionic polymer metal composite with uncertainties and input constraints ［J］. Applied Mathematics & Information Sciences, 2014, 8 (5): 1-7.

［20］ M. Deng, A. Wang. Robust nonlinear control design to an ionic polymer metal composite with hysteresis using operator based approach ［J］. IET Control Theory & Applications, 2012, 6 (17): 2667-2675.

［21］ A. Wang, M. Deng. Operator-based robust nonlinear control for a manipulator with human multi-joint arm-like viscoelastic properties ［J］. SICE: Journal of Control, Measurement, and System Integration, 2012, 5 (5): 296-303.

［22］ A. Wang, M. Deng. Robust nonlinear multivariable tracking control design to a manipulator with unknown uncertainties using operator-based robust right coprime factorization ［J］. Transactions of the Institute of Measurement and Control, 2013, 35 (6): 788-797.

［23］ M. Deng, S. Bi, A. Inoue. Robust nonlinear control and tracking design for multi-input multi-output nonlinear perturbed plants ［J］. IET Control Theory & Applications, 2009, 3 (9): 1237-1248.

第5章 基于算子理论的人工肌肉非线性控制系统设计

5.1 基于鲁棒右互质分解和线性控制的鲁棒跟踪控制技术

图4-5基于演算子理论的非线性反馈控制系统可以保证系统的鲁棒稳定，但是不能保证跟踪，另外根据式（4-21）可知，设计精准的跟踪控制器是不可能的。因此，为了能够跟踪给定输入，在系统保证鲁棒稳定的基础上，设计了外环线性（PI）控制器（图5-1），实现精确跟踪控制，并用算子理论证明了该方法的可行性。其中 $\widetilde{P}$ 代表图4-5鲁棒稳定系统[1-3]。

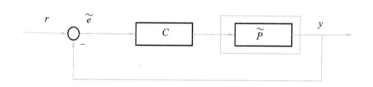

图5-1 跟踪控制系统

证明：误差信号 $\widetilde{e} = (1 + \widetilde{P}C)^{-1}(r)$，算子 $(1 + \widetilde{P}C)^{-1}$ 是 Y 到 Y 的映射。因此，参考信号 r 和误差信号 $\widetilde{e}$ 的联系是在线性空间。指数迭代理论条件之一得到满足，进而设计控制器，开环控制系统 $\widetilde{P}C$ 等效 PT 为外加一个积分器（图5-2），并满足以下条件：

（1）对所有的 $t \in [0, T]$，C 是稳定的，当 $r > 0$，$T \geq t \geq t_1 \geq 0$，有 $PT(r) \geq K_1 \geq 0$。

（2）$\widetilde{P}C(0) = 0$。

（3）在所有属于空间 Y_s 的 x，y，并且 $t \in [0, T]$，$\| \widetilde{PC}(x) - \widetilde{PC}(y), t \| \leqslant h\int_0^t \| x - y, t_1 \| \mathrm{d}t_1$，$h$ 是任意常数，从输入 r 到输出 y，定义一个算子 $\widetilde{G}$，反馈方程为 $\widetilde{G} = PC \times (I - \widetilde{G})$。

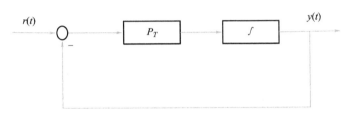

图 5-2　图 5-1 的等效框图

定义一（指数迭代理论）：在 $t \in [0, T]$，反馈控制方程 $\widetilde{G} = PC \times (I - \widetilde{G})$ 在所有算子都是自身映射的 Banach 空间中，对于 $\widetilde{G}$ 拥有唯一的解。条件（2）和条件（3）满足，模型输出有界。

定义一指出 $\widetilde{G} - PC \times (I - \widetilde{G}) = 0$，并且有唯一解，那么，模型的输出则有界，进而 $(I + \widetilde{PC})^{-1}(r)(t)$ 是存在的。

定义二：当 $T \geqslant t$ 足够大时，误差信号 $\widetilde{e}$，即 $y(t) - r(t)$ 可以任意小。

证明：$y(t) = r(t) - \widetilde{e}$，$\widetilde{PC} = \int_0^t PT \mathrm{d}t_2$，$y(t) = r(t) - (I + \widetilde{PC})^{-1}(r)(t)$

因为 I 为恒等算子，取 $I(r) = r$，有：

$$y(t) = r(t) - \{ r(t) + \widetilde{PC}[r(t)] \}^{-1}$$

$$= r(t) - \{ r(t) + \int_0^t PT[r(t)] \mathrm{d}t \}^{-1}$$

当 $T \geqslant t \geqslant t_1 \geqslant 0$，有 $PT(r) \geqslant K1 \geqslant 0$。得到：

$$\int_0^t PT[r(t)] \mathrm{d}t_2 \geqslant \int_0^{t_1} PT[r(t)] \mathrm{d}t + K_1 \int_{t_1}^t \mathrm{d}t_2$$

当 $T \geqslant t$，通过取 T 可以使得 $K1 \int_{t1}^t \mathrm{d}t_2$ 任意小。进而，$\{ r(t) + \int_0^t PT[r(t)] \mathrm{d}t \}^{-1}$ 任意小，即 $y(t) - r(t)$ 可以任意小。

5.2　基于算子理论的鲁棒稳定控制系统设计

5.2.1　算子控制器 A 和 B 的设计

对于存在未知不确定因素且有界的人工肌肉（IPMC）模型对象，采用鲁棒右互质分解方法进行非线性 IPMC 控制系统设计，运用基于算子理论鲁棒右互质分解技术来进行右分解，根据鲁棒稳定和跟踪条件，对象右互质分解和控制器设计，那么 N，D 和 ΔN 为式（5-1）形式：

$$
\begin{cases}
D(\omega)(t) = \dfrac{SK_e b(R_a + R_c)\dot{\omega}(t)\left\{1 - \dfrac{1 - e^{-\omega(t)}}{\omega(t)e^{-\omega(t)}} \dfrac{e^{-\omega(t)}\left[1 - e^{-\omega(t)} - \omega(t)\right]}{\left[(1 - e^{-\omega(t)})\right]^2}\right\}}{a\sqrt{2b\left\{\dfrac{\omega(t)e^{-\omega(t)}}{1 - e^{-\omega(t)}} - \ln\left[\dfrac{\omega(t)e^{-\omega(t)}}{1 - e^{-\omega(t)}}\right] - 1\right\}}} + \dfrac{\omega(t)}{a} \\[4em]
N(\omega)(t) = \dfrac{3\alpha_0 K_e \sqrt{2b\left\{\dfrac{\omega(t)e^{-\omega(t)}}{1 - e^{-\omega(t)}} - \ln\left[\dfrac{\omega(t)e^{-\omega(t)}}{1 - e^{-\omega(t)}}\right] - 1\right\}}}{aY_e H^2} \\[4em]
\Delta N(\omega)(t) = \Delta \dfrac{3\alpha_0 K_e \sqrt{2b\left\{\dfrac{\omega(t)e^{-\omega(t)}}{1 - e^{-\omega(t)}} - \ln\left[\dfrac{\omega(t)e^{-\omega(t)}}{1 - e^{-\omega(t)}}\right] - 1\right\}}}{aY_e H^2}
\end{cases}
$$

$$(5-1)$$

为了保证人工肌肉（IPMC）安全和更长时间的工作，以及过程输入 $u(t)$ 受下式大小的约束：

$$
\sigma(v) = \begin{cases} u_{\max}, & v > u_{\max} \\ v, & u_{\min} \leqslant v \leqslant u_{\max} \\ v_{\min}, & v < v_{\min} \end{cases}
$$

$$(5-2)$$

$u_{\max} = 3V$，$u_{\min} = -3V$ 分别是保证 IPMC 安全的最大工作电压和最小工作电压。我们可以设计算子 A 和 B 来满足下面这个巴拿赫方程：

$$
\begin{cases} A_1 N + BD = I \\ \| A_1(N + \Delta\tilde{N}) - A_1 N \| < 1 \end{cases}
$$

$$(5-3)$$

式中：算子 A_1 稳定的，B 是可逆的。为此对于带有约束输入的人工肌肉（IPMC）控制系统这种情况，假设：

$$B(u)(t) = au(t) \tag{5-4}$$

根据鲁棒稳定条件：

$$A_1(y)(t) = -\frac{aSY_eH^2(R_a + R_c)}{3a_0} \tag{5-5}$$

5.2.2 仿真结果分析

仿真验证中，人工肌肉的模型参数见表5-1。

表5-1 人工肌肉（IPMC）肉模型参数

符号	含义	数值
L	IPMC 的长度	50mm
h	IPMC 的宽度	200μm
W	IPMC 的厚度	10mm
T	绝对温度	290K
R_a	电极电阻	18Ω
R_c	离子扩散阻力	60Ω
Y_e	等效弹性模量	0.056Gpa
α_0	耦合常数	0.129J/C
C^{-1}	阴离子浓度	981mol/m^2
F	法拉第常数	96487C/mol
R	气体常数	8.3143J/mol·K
Ke	有效介电常数	1.12×10^{-6}F/m

在仿真验证中，公式中的不确定因素以及干扰 $\Delta = \dfrac{3\alpha_0\kappa_e\sqrt{2b}}{aY_eh^2}$。由于实际误差很小，所以该系统的鲁棒稳定可以得到保证。对于含有非确定性的人工肌肉（IPMC）对象，基于演算子理论的鲁棒解控制系统的阶跃响应曲线如图5-3所示，实线为无干扰响应过程，虚线为有干扰响应结果，从仿真结果可以看出，在存在干扰的情况下，系统仍然可以保持鲁棒稳定，表明设计所采用的方法是有效的。

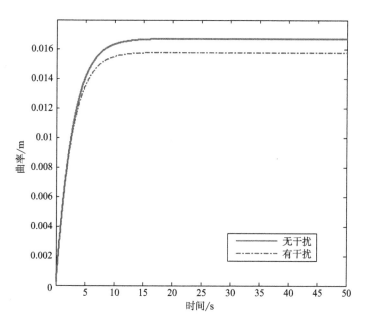

图 5-3　有无干扰两种情况下人工肌肉右互质分解阶跃响应

5.3　基于 Matlab 工具箱的跟踪控制器参数优化

5.3.1　跟踪控制器 C 的设计

根据图 5-1 结构所示，跟踪控制器 C 可设计为：

$$u(t)^* = K_p \widetilde{e}(t) + K_i \int \widetilde{e}(\tau) \mathrm{d}\tau \tag{5-6}$$

根据设计的算子控制器 A、B，虽然可以保证系统的 BIBO 稳定，但是系统的跟踪性能可以由跟踪控制器 C 来实现。如何合理得到跟踪控制器 C 的参数（K_p，K_i）仍然是个难题。在人工肌肉（IPMC）的跟踪控制系统中，如何选取合适的（K_p，K_i）成为解决跟踪控制的关键。对于跟踪控制参数（K_p，K_i）的选取，传统的方法是根据经验试凑，但是对于复杂的 IPMC 鲁棒跟踪控制系统，我们并没有先前的经验，人工试凑需要付出大量的时间和精力，并不可取。因此，在这里运用 Matlab 中的系统辨识工具箱和参数优化工具箱来辨识选取跟踪控制参数（K_p，K_i）。

5.3.2 基于 Matlab 系统辨识工具箱的模型辨识

对被研究的对象建立数学模型，是所有工作的根基。总的来说，建立数学模型有两种方法：机理分析法和实验法。机理分析法必须要完全了解对象的内部运行机理，是一种理论建模方法，利用机理法建模，必须完全了解对象的各部分机理和物理规律，最后利用这些规律，推导出对象的数学模型。机理分析法一般用在系统比较简单的情况下，而且必须要对对象的原理非常清楚明白。然而对于实际复杂程度高的系统，采用机理法进行数学建模时必须根据假设忽略一些对建模影响不大的因素，否则会使建模过程变得很复杂。这样建立的模型是不够准确的，有时甚至是不可取的。实验法是根据利用对象做实验得到的数据，通过对所测得数据的分析，建立与实际对象等效的数学模型。在自动控制这方面，系统辨识是对早期对对象所测得实验数据分析的扩展。动态性能的分析，就是根据所测得的实验数据进行分析并得到数学模型。

根据动态性能分析法所推导出的并不能精确地作为对象的参数模型，只是为了能够得到对象的参数模型而采用一般的参数预估的办法。根据对象所得到实验数据，这些包括输入输出数据，包括噪声，根据一些假定，以及忽略误差，推算出离真实数据最近的数据，就是参数预估，是整个系统辨识的根本部分。

随着科学技术的发展，利用其他领域的发展来发展本领域已成为本领域的基本现象。在系统辨识这个领域也是如此，在本领域中很多地方都运用的时间这个序列的含义和用法，表明这两个领域在很多方面是共通的。时间序列的研究还要更早一点，在 20 世纪的早些时候，很多研究人员已经观察到气象以及天文现象在时间序列上的性质，然后即将非动态的模型的参数预测的一些数学方法转到了离散时间序列的参数预测上来。时间序列的研究方法是只有白噪声相作为数据的进入，它的进入数据是不知道的，有用的是系统的输出数据。和时间序列研究作比较，系统辨识在研究的方法则更为大些。因为它不仅利用输出数据，对象的控制数据输入也知道，唯一的要求所得到的数据最好不要受到干扰的影响。值得庆幸的是，由于数学家前期丰富的研究工作，使系统辨识得以站在巨人的肩膀上，有了一定的理论基础。

系统辨识、状态预测、自控原理已经成为现代控制理论互相影响三个领域。系统辨识在很多方面都可以使用，它在实际中的应用已渗透到各个行业，在实际施工控制、天文航行、海洋航行、认识学科、病理学、生物学、水利及还有各个过节的经济方面的使用越来越多。

随着时代的发展，计算技术也越来越成熟，这方面为系统辨识的使用提供了算法上支持，这方面也是系统辨识飞速发展的基础。换句话讲，如果系统辨识要用到算法，在计算机上的软硬件技术是可以保证的。计算机的软硬件资源以及很强的计算能力，这使得计算机在无人的状态下，随时随地地分析实际对象，为控制方法的研究给出了实际的数学模型。而 Matlab 是为在计算机上进行系统辨识提供了软件基础。

Matlab 系统辨识工具箱是内嵌于 Matlab 中。它的主要功能是建立简单和精确的模型基于从实际复杂的实际系统所得到的输入输出数据。它提供了一种能把从测得的输入数据从而建立起实际模型的数学功能。利用该工具箱得到数学模型过程主要分为以下四个步骤。

（1）建立一个实验并在实验中收集待辨识的输入输出数据。

（2）选择和定义一个模型结构。

（3）从选择的模型中挑选出最好的一个模型根据输入输出数据和模型的拟合度。

（4）如果模型完全与实际系统拟合度高，辨识结束；反之，返回步骤（2），继续辨识。

对于 IPMC 控制对象，对照上面的步骤，试验中待收集的辨识输入数据就是标称系统 $\widetilde{P}$ 的输入阶跃信号。而输出数据是镇定 $\widetilde{P}$ 的阶跃响应。假定标称系统的数学模型结构为传递函数模型，所以在步骤（2）中，选择传递函数作为该模型的模型结构。在步骤（4）中，我们选择出与标称系统 $\widetilde{P}$ 拟合度最高的模型作为镇定系统 $\widetilde{P}$ 的数学模型。

辨识的具体过程是：首先在 Matlab 里编写相应的 M 程序，得到具体的输入数据，阶跃信号 x 和输出数据曲率 y，以及响应的仿真时间 t，并将这三个数据保存下来。其次，在命令窗口输入指令“ident”打开系统辨识工具箱，系统辨识工具箱如图 5-4 所示。

在左边的菜单里选择“import data”，就出现了如图 5-5 所示的系统辨识工具箱数据输入窗口，将步骤（2）所得的数据导入到系统辨识工具箱，这里的采样时间设置为 M 程序里对应的仿真步长 0.02s，并将起始时间设置为 0。将数据导入工具箱以后，选择传递函数，作为模型结构，并依次从大到小选取传递函数的极点和零点，直到优化出拟合度比较高的传递函数数学模型。

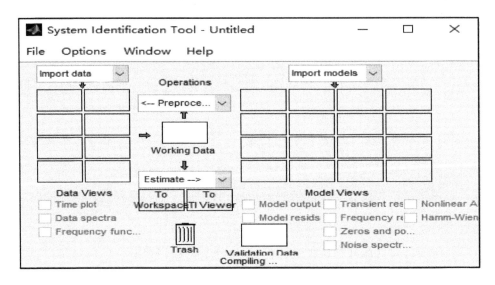

图 5-4　系统辨识工具箱主界面

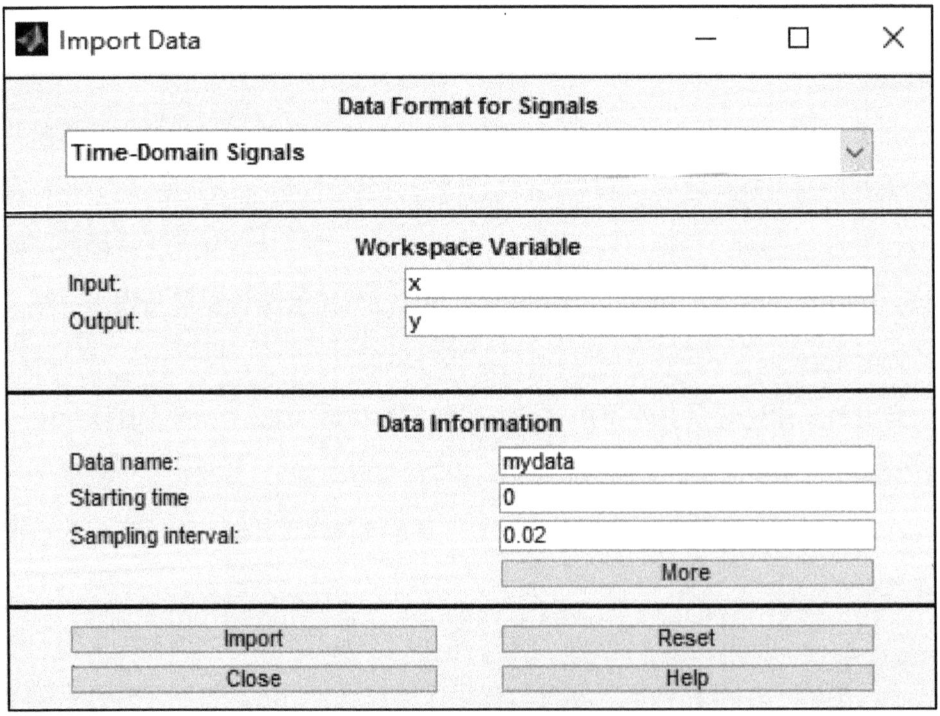

图 5-5　导入输入输出数据界面

5.3.3　基于 Matlab 参数优化工具箱的线性参数优化

对于 PI 跟踪控制器参数寻优问题，其主要目标是在 K_p、K_i 的可行域空间中寻找某一组参数，在保证系统稳定的前提下，使选定的系统性能指标最优。显然，此过程能够利用 Matlab 中能够 Signal Constraint 模块为核心的 Response Optimization 优化工具箱，按照对于输出信号的约束来优化系统的控制器参数，使系统能够满足设定的约束要求。这一过程可通过建立并运行如图 5-6 所示的系统仿真结构来实现。

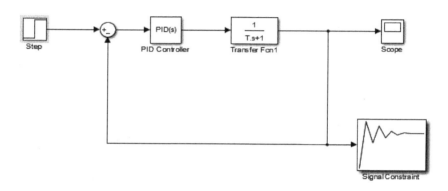

图 5-6　优化系统仿真结构图

仿真结构中的 Signal Constraint 模块，其设置窗口如图 5-7 所示，其中横坐标为时间，纵坐标为指定变量的取值，水平的长方形黑色线段被用来指定变量约束的上边和下边界，也就是说，此界面中的位于黑色线段中间的白色部分是约束变量的可存在范围。对于约束范围（也就是期望的闭环系统时域性能）可通过下述三种方式调整：利用鼠标点击确定各段黑色长条的长度和水平方位，也可以通过鼠标点击两下长条黑线打开约束编辑窗口（Edit Constraint），在其中限制输入的位置数据进行设置；更直接的，若寻优的仿真结构其输入为阶跃信号，则可以利用 Goals→Desired Response 选项，打开期望阶跃响应特性设置窗口，选择 "Specify step response characterisitics"，在如图 5-8 所示界面设置期望的阶跃响应的上升时间为 1s（上升时间对应的幅值设为 50%）、调节时间（Setting Time）为 2s、最大超调量（Overshoot）为 5%。设置完毕之后，可看到 Signal Constraint 界面中的白色区域与所设置内容自动同步调整，之后可选择 Edit→ Axes properties 命令，改变 X 与 Y 坐标轴的范围。

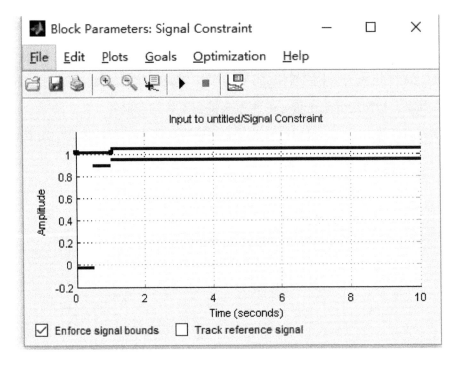

图 5-7　Signal Constraint 模块设置窗口图

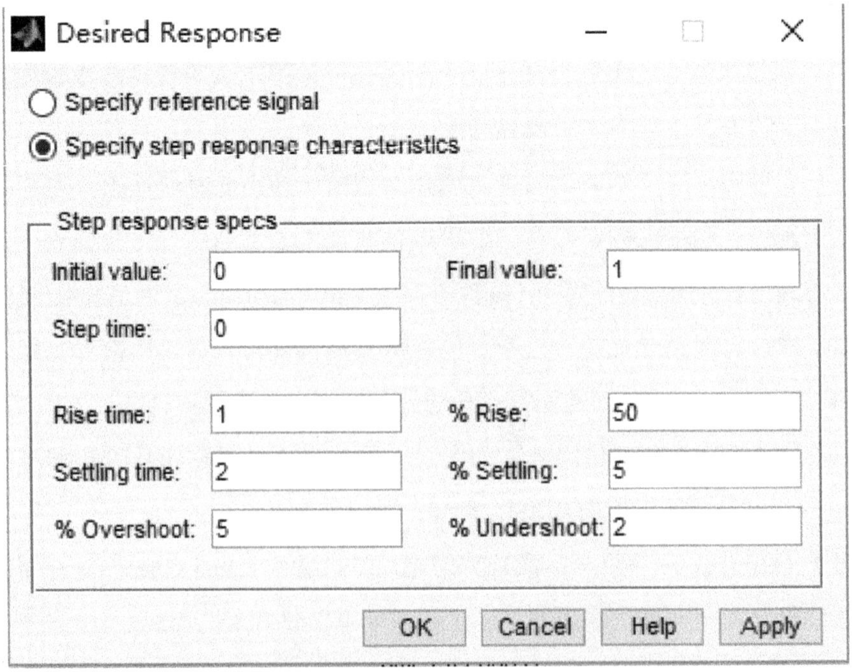

图 5-8　优化预期设置图

对于图 5-6 中仿真结构中的 PI Controller 模块，在对话框中分别指定跟踪控制器参数 K_p、K_i 为待优化参数 P 和 I，并在 Matlab 的 Command Window 中对 PI 控制器的初始值 $P=0.15$，$I=0.15$ 进行设置。

5.3.4　仿真结果分析

仿真结果从图 5-9 中可以看出，Matlab 系统辨识工具箱所辨识出的三个较好的传递函数方程 "tf1、tf2、tf3" 分别为一阶、二阶和三阶传递函数模型。其中，tf1 与镇定系统 $\widetilde{P}$ 的拟合度为 98.83，tf2 与标称系统 $\widetilde{P}$ 的拟合度为 99.68，tf3 与标称系统 $\widetilde{P}$ 的拟合度为 98.88。可以看出，二阶系统 tf2 与标称系统 $\widetilde{P}$ 的拟合度最高。因此，相应的镇定系统 $\widetilde{P}$ 的模型可以近似为：

$$G(s) = \frac{0.24}{s^2 + 39.3s + 14.33} \tag{5-7}$$

这样，就可以在 Simulink 里搭建出如图 5-7 所示的优化系统来优化出合适的 K_p、K_i 参数。

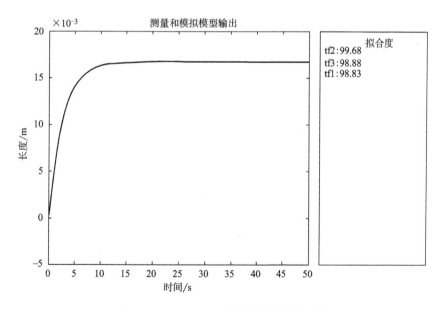

图 5-9　tf1、tf2、tf3 与镇定系统的拟合度

从仿真结果图 5-10 中可以看出，Response Optimization 优化工具箱所优化出的 PI 参数为：$K_p = 88.5205$、$K_i = 0.1573$。为了验证所优化参数的跟踪结果，将这组参数带入图 4-1 所示的跟踪控制器 C 中，所以人工肌肉（IPMC）的跟踪控制器可以

设计为：

$$u^*(t) = 88.5205\widetilde{e}(t) + 0.1573\int\widetilde{e}(t)\,dt \tag{5-8}$$

Optimization Progress

Iter	S-count	f(x)	max constraint	Step-size	Directional derivative	First-order optimality	Procedure
0	1	0	25.33				
1	10	0	3.033	34.4	0	1	infeasible
2	15	0	0.02356	19.9	0	0.173	Hessian modified
3	20	0	0.0009769	4.22	0	3.97e-005	

Successful termination.
Found a feasible or optimal solution within the specified tolerances.

I =

0.1573

P =

88.5205

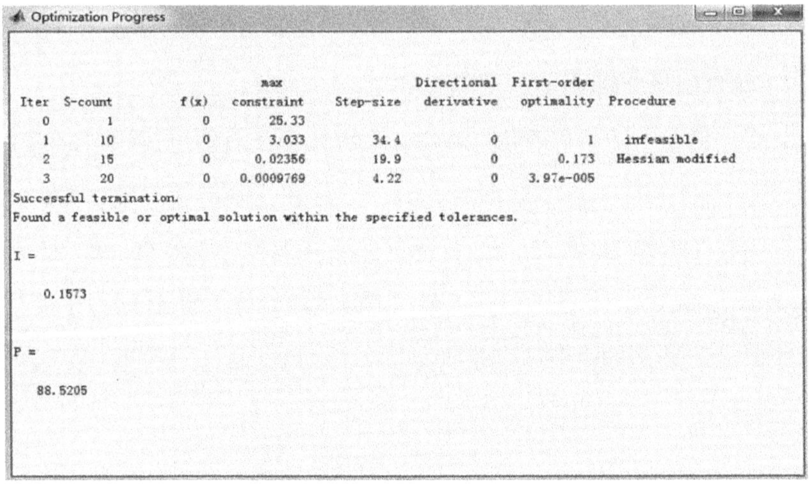

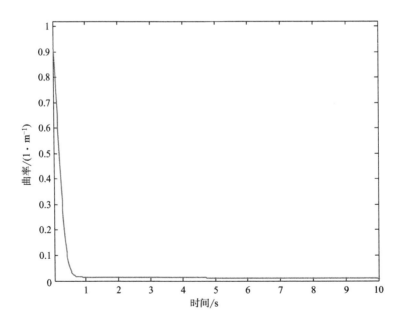

图 5-10　优化结果

如图 5-11 所示的是误差曲线，误差达到了 0.018。跟踪效果如图 5-12 所示，从系统跟踪响应中可以看出，虽然跟踪效果可以达到，但是有稳态误差（0.018）还比较大，效果并不理想。

图 5-11　误差曲线

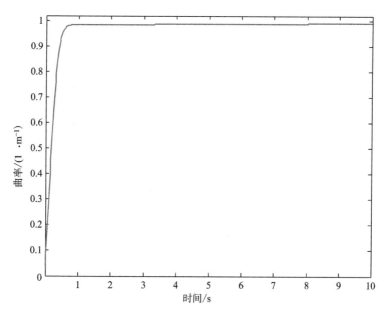

图 5-12　系统跟踪响应曲线

本节首先在人工肌肉鲁棒稳定控制系统的基础上，采用 PI 控制器作为 IPMC 鲁棒稳定系统的跟踪控制器。由于参数选择的问题成为解决跟踪控制问题的关键，传统的人工试凑方法并不可取，本节采用了 Matlab 中的系统辨识工具箱和 Matlab 参数优化工具箱来选择最优的参数。虽然得到了一组参数，但是从仿真结果来看，效果不是十分理想。

5.4　基于人工蜂群算法的跟踪控制器参数优化

基于 Matlab 工具箱的参数优化设计，但所得的结果并不让人满意，本节提出一种人工蜂群（ABC，artificial bee colony algorithm）算法进行参数优化和选择。

5.4.1　人工蜂群算法的自然模型

人工蜂群算法的灵感来源是生物界的蜜蜂采蜜行为[5,6]。蜜蜂在生物界中是一种非常典型群居性生物，虽然一只蜜蜂的行为是简单的，但是整个群体之中的个体的分工十分清晰，群体之间通力合作就能找到较好的蜜源，这样就能达到最大的寻找食物的效果。人工蜂群算法的优点是在采蜜这种行为很好地平衡实物源的开采和探测，并且避免陷入局部最优。研究人员所注意到的是，这种算法能够在概率最大的时候找寻到最优解。

在自然界模型中，如图 5-13 所示，主要有 3 类角色：采蜜蜂、跟随蜂、侦察蜂，每种蜜蜂的任务都很明确：指引蜜蜂到达较好的蜜源附近开采蜂蜜；舍弃较差的蜜源去搜寻别处的蜜源。

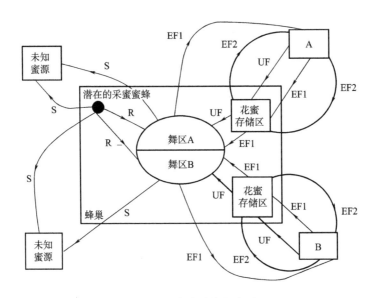

图 5-13　蜜蜂觅食行为图

（1）蜜源：就是我们要优化问题的解，由很多的因素决定它是否有意义：蜜源的距离、蜜源的数目，还包括寻找的困难程度，在人工蜂群算法中，用"适应度值"来衡量考虑各种指标的好坏。

（2）采蜜蜂：它的目标是找到更好效益率的蜜源以及与之有关的信息（蜜源的方位、数目）记下来，接着按照相关概率分传递给跟随蜂。在该算法里采蜜蜂的数目和初始的蜜源的数目是相等的。

（3）跟随蜂：最初的时候，跟随蜂在蜂窝的周围进行舞蹈待命，等到雇佣蜂任务完成以后，将它收到的蜜源按照适应度的大小进行优先选择，它的转化准则是适应度越大，跟随蜂数量越大的准则，这时的跟随蜂就转化为成采蜜蜂。

（4）侦察蜂：它的任务是搜寻蜂巢周边新蜜源的方位，使陷入局部最优的解从局部最优中跳出来，由于它是随机不可控的，在搜寻到新的蜜源后就会在附近再次进行找寻最优食物源的工作。

5.4.2　人工蜂群算法的数学模型

Karaboga[5-6] 在 21 世纪初设计了人工蜂群算法（ABC），它为解决参数优化问题提供了新思路，人工蜂群算法一般按照蜜蜂任务的不一样可分为采蜜蜂、跟随蜂和侦察蜂三种蜜蜂，采蜜蜂和跟随蜂的数量与所求解问题的解数量是一样的，侦察蜂在中群里很少，经过这三种蜜蜂之间的交流来进行更新解，最后找到问题的最优解。蜂群的寻找最优解的机理分为下面四个阶段。

5.4.2.1　初始化阶段

在寻优过程中，首先需要设定蜜蜂种群的数目、最大迭代次数 MCN、控制参数 limit 以及搜索的空间等信息。然后在搜索空间中随机产生 SN 个初始解（SN 为蜜源的数量），每个解 $y_i(i = 1, 2, \cdots, SN)$ 是一个 D 维向量，D 是优化参数的个数。

5.4.2.2　采蜜蜂阶段

之后进入采蜜蜂的搜索阶段。采蜜蜂通过搜索方程产生一个新的解，也就是候选蜜源：

$$z_{ik} = y_{ik} + \varphi_{ik}(y_{ik} - y_{dk}) \tag{5-9}$$

式中：$d \in \{1, 2, \cdots, SN\}$，$k \in \{1, 2, \cdots, D\}$，且 $d \neq i$；φ_{ik} 为 $[-1, 1]$ 上的随机数。计算新解的 fit_i 并进行评价，在 y_i 和 z_i 之间通过贪婪策略进行选择。

5.4.2.3　跟随蜂阶段

在每个采蜜蜂做完搜寻的过程之后，采蜜蜂将把解的线索及 fit_i 与跟随蜂分享。跟随蜂通过式（5-10）的概率 P_i 计算每个采蜜蜂被跟随的概率：

$$P_i = \frac{\mathrm{fit}_i}{\sum_{k=1}^{SN} \mathrm{fit}_k} \text{ or } P_i = \frac{\mathrm{fit}_i}{\max(\mathrm{fit}_k)} \tag{5-10}$$

然后在 $[0, 1]$ 边界内随机生成一个数，如果上面计算的结果大于这个随机生成数，则跟随蜂通过式（5-1）生成新解并计算新解的 fit_i，若新解的 fit_i 比原来的要好，跟随蜂将更新新解，如果没有原来的好，它将保存原来的解。

5.4.2.4　侦查蜂阶段

当全部的跟随蜂完成寻找过程后，若是某一蜜源 y_i 经历 limit 次还没被更新，就认为这个解落入局部最优，它所对应蜜源就丢弃。侦查由式（5-11）产生一个新的蜜源代替它：

$$y_{ik} = y_{mink} + \text{rand}(0, 1)(y_{maxk} - y_{mink}) \tag{5-11}$$

式中：$k \in \{1, 2, \cdots, D\}$，$y_{maxk}$、$y_{mink}$ 为第 k 维的上下限。这个阶段过后返回采蜜蜂的阶段，开始不停地循环，最终找到最优解。

5.4.3　人工蜂群算法步骤

人工蜂群的步骤主要如图 5-14 所示，分为以下 5 个步骤。

（1）定义蜜蜂种群的初始解 $x = (x_1, x_2, \cdots, x_{SN})$，$SN$ 为蜜源的数量，控制参数是 limit，最大进化次数是 MCN，假定当前进化次数 iter=0。

（2）采蜜蜂根据式（5-9）在各个蜜源的附近搜寻生成新解，基于式（5-10）计算出它的适应度的具体值，假如新产生的解比原来的解的适应度值要好，那么旧解被替换，反之不更新。

（3）跟随蜂基于选择概率式（5-10）算出选择概率，确定到选中的蜜源然后进行附近搜索。

（4）如果当算法 limit 次循环当前解依然没被替换，那么舍弃当前解，当前的采蜜蜂就变成了侦察蜂，依据式（5-11）生成一个新解，用它替换当前解。

（5）假定 iter<MCN，那么算法继续进行进化循环，如果 iter=iter+1，则回到步骤（2），反之，最好解出现，算法即告结束。

5.4.4　适应度函数的选择

目标函数的设计直接决定所优化出的结果的好坏，在 ABC 算法中，适应度函数是影响算法收敛性和稳定性的重要因素。对于人工肌肉的非线性跟踪问题，为了保证系统的动态性能和稳态性能，本文把时间和绝对误差（ITAE）作为评价指标，从而设计适应度函数。评价指标 ITAE 可以表达为式（5-12）：

$$J(\text{ITAE}_k) = \int_0^\infty t \mid e(t) \mid \text{d}t \tag{5-12}$$

评价指标 ITAE 充分考虑跟踪系统的动态性能和稳态性能，将人工肌肉控制系统的调节时间 t_s，超调量 M_p，稳态误差 e_{ss} 都考虑在内。

ABC 算法一般通过较大的适应度值指引算法向全局最优进化，对于最小值优化问题，适应度函数用式（5-13）表示：

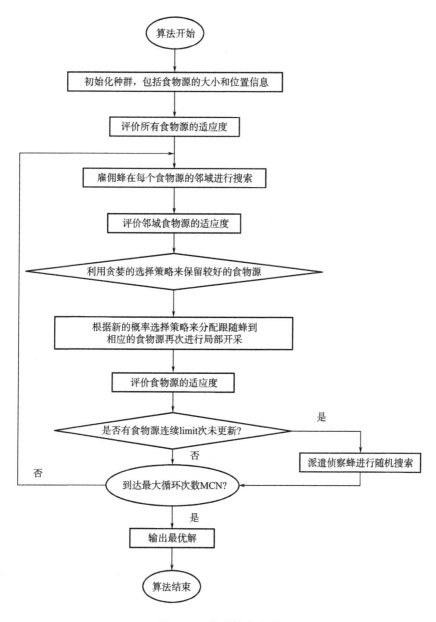

图 5-14 蜂群算法流程

$$\mathrm{fit}_i = \begin{cases} \dfrac{1}{1 + f_i}, & f_i \geqslant 0 \\[3mm] 1 + \mathrm{abs}(f_i), & f_i < 0 \end{cases} \tag{5-13}$$

式中：f_i 为待优化问题的目标函数。对于本设计的最小值优化问题，可以将适应度函数设计为式（5-14）：

$$\text{fit}_k = \frac{1}{J(\text{ITAE}_k)} \qquad\qquad (5\text{-}14)$$

5.4.5　仿真结果分析

对于跟踪控制器 C 的运用 ABC 算法优化问题，在仿真试验中，通过大量仿真实验，蜜蜂的种群规模 SN 为 40，最大循环次数 MCN 为 100 时，最大使用次数 limit 为 10 时，优化效果最好。适应度曲线的变化图如图 5-15 所示。很明显地可以看出，ABC 算法可以快速有效地在 50 代以内找到最优解。优化参数 K_p、K_i 在优化过程中的变化情况如图 5-16、图 5-17 所示。所以，人工肌肉（IPMC）的跟踪控制系统的跟踪控制器 C 可以设计为：

$$u^*(t) = 110\widetilde{e}(t) + 0.31\int\widetilde{e}(t)\,\mathrm{d}t \qquad\qquad (5\text{-}15)$$

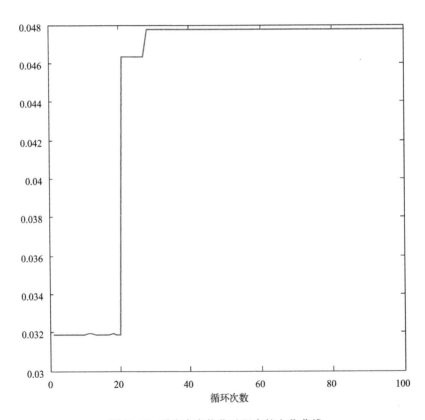

图 5-15　适应度在优化过程中的变化曲线

如图 5-18 所示的是用优化出的 K_p、K_i 代入控制器 C 的所得到系统输出误差曲线。如图 5-19 所示的是用优化出的 K_p、K_i 代入跟踪控制器 C 的系统输出跟踪曲线。

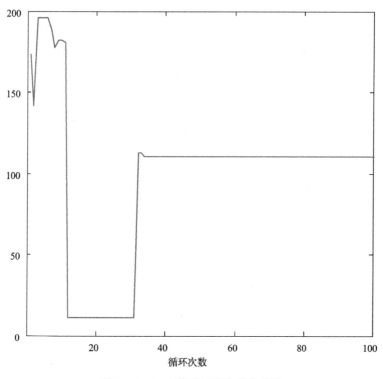

图 5-16　K_p 在优化过程中优化曲线

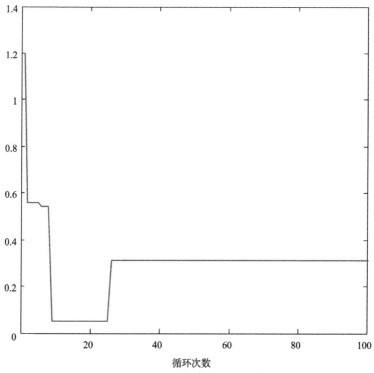

图 5-17　K_i 在优化过程中优化曲线

从图 5-18、图 5-19 可以看出，调节时间为 0.5s，没有稳态误差，并且没有超调，系统的跟踪性能得到了很好的保证。

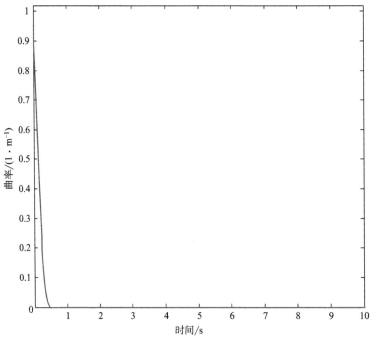

图 5-18　误差曲线

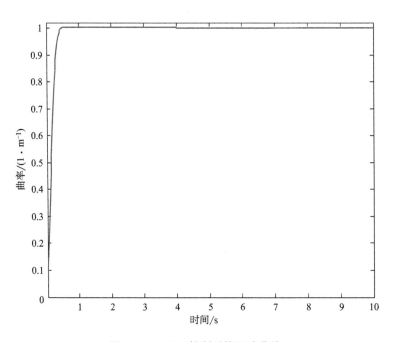

图 5-19　IPMC 控制系统跟踪曲线

如表 5-2 所示的基于 Matlab 工具箱和基于蜂群算法两种方法所优化的参数代入跟踪控制器的各项性能指标的比较。图 5-20 是基于 Matlab 工具箱和基于蜂群算法两种方法所优化的参数代入跟踪控制器误差曲线比较。图 5-21 基于 Matlab 工具箱和基于蜂群算法两种方法所优化的参数代入跟踪控制器跟踪曲线比较。从表 5-2 和图 5-20、图 5-21 中可以看出，基于 Matlab 工具箱的优化出来的参数虽然也能达到跟踪效果，但还有误差 0.018。而基于人工蜂群算法所优化出的参数，相比于基于 Matlab 工具箱优化出来的参数跟踪效果比较好，没有误差，并且调节时间也有所提高。

表 5-2　两种优化方法的各项指标比较

参数优化方法	调节时间/s	稳态误差	超调
Matlab 工具箱	0.7	0.018	0
人工蜂群算法	0.5	0	0

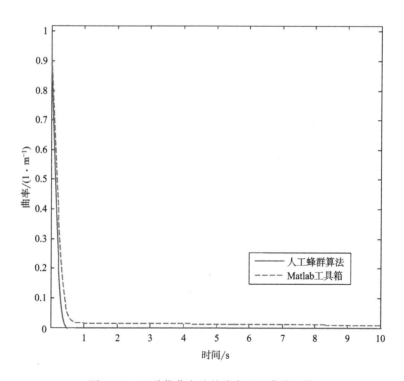

图 5-20　两种优化方法的稳态误差曲线比较

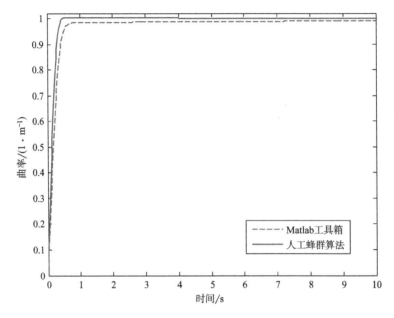

图 5-21　两种优化方法的跟踪曲线比较

5.5　本章小结

　　本章对人工肌肉（IPMC）的对象进行右分解，接着运用右互质分解策略来设计鲁棒控制器 A 和 B 保证系统的鲁棒稳定，而为了实现跟踪性能，这里设计了跟踪控制器，并且用了 Matlab 里系统辨识工具箱、寻优参数工具箱和人工蜂群算法来三种方法优化跟踪控制器的参数，通过对系统进行了仿真和实验，文章提出的一种基于人工蜂群优化算法，优化出了合适的参数，并获得了很好的跟踪控制效果。主要内容包括：

　　（1）以人工肌肉（IPMC）为研究对象，它有模型不确定性、非线性、强输入电压受限的特点，在对人工肌肉（IPMC）系统进行稳定控制时，本文采用算子理论对人工肌肉（IPMC）进行右分解，接着鲁棒右互质分解理论设计出了鲁棒控制器 A 和 B，保证了人工肌肉（IPMC）的鲁棒稳定。

　　（2）虽然系统的鲁棒稳定得以保证，为了实现系统的跟踪性能，本文设计了 PI 控制器来实现系统的跟踪性能，但是如何合理得到跟踪控制器 C 的参数（ K_p ，K_i ）

仍然是个难题。如何选取合适的（K_p，K_i）成为解决跟踪控制的关键。

（3）为了找到合适的跟踪控制参数（K_p，K_i），本文采用了 Matlab 系统辨识工具箱、寻优参数工具箱和人工蜂群算法三种方法优化跟踪控制器的参数。第一种方法虽然也可以找到跟踪控制器参数，但效果并不理想，还有一定的误差，并不能使人满意。通过利用人工蜂群算法，最后找到了合适的参数（K_p，K_i），通过仿真实验，证实了蜂群算法在人工肌肉（IPMC）跟踪控制器参数优化问题的有效性和实用性。

（4）总之，对人工肌肉（IPMC）控制系统进行了鲁棒稳定跟踪控制，但是由于人工肌肉（IPMC）本身材料的特殊性，因此，在研究过程中具有一定的限制性。

（5）虽然人工蜂群算法解决参数寻优问题，由于其是一种新兴的算法，它的一些相关数学理论还没有得到证明，所以，接下来要对 ABC 算法理论进行进一步探究，会对它的收敛性进行证明以及对寻优方面进行改进。

参考文献

［1］D. Deng, A. Inoue, K. Ishikawa. Operator–based nonlinear feedback control design using robust right coprime factorization ［J］. IEEE Transactions on Automatic Control 2006, 51 （4）: 645–648.

［2］温盛军，毕淑慧，邓明聪. 一类新非线性控制方法：基于演算子理论的控制方法综述 ［J］. 自动化学报，2013，39 （11）：1812–1819.

［3］M. Deng, A. Wang. Robust nonlinear control design to an ionic polymer metal composite with hysteresis using operator based approach ［J］. IET Control Theory & Applications, 2012, 6 （17）: 2667–2675.

［4］Karaboga D. An idea based on honey bee swarm for numerical optimization ［N］. Technical Report TR06, 2005.

［5］Karaboga D, Basturk B. Artificial Bee Colony （ABC） optimization algorithm for solving constrained optimization problems ［C］. The 12th International Fuzzy Systems Association World Congress, 2007: 789–798.

［6］W. Liao, T. Yan, A. Wang, et al. IPMC robust nonlinear tracking control design based on a multiobjective particle swarm optimization-based RRCF approach ［C］. Proceedings of The 2015 International Conference on Advanced Mechatronics Systems, 2015.

［7］ W. Liao, T. Yan, A. Wang, et al. Robustnonlinear control design for an IPMC by using ABC based operator approach ［C］. The 34th Chinese Control Conference and SICE Annual Conference, 2015.

第6章 基于滑模变结构控制的人工肌肉鲁棒非线性系统设计

6.1 滑模控制理论

滑模变结构控制方法是由苏联学者 Emelyanov、Utkin 和 Itkin 等人于 20 世纪 60 年代提出的。该控制策略是相平面理论发展而来，经过多年来的发展与研究，俨然已经成为一个相对独立的学科，适用于多类控制系统。滑模控制（SMC，Sliding Model Control）又名变结构控制，是一种特殊的非线性控制，其非线性表现为对控制的不连续性。与其他控制方法相比[1-4]，它的特殊性表现在于即使系统在运行过程中结构并不固定，但是却可以在动态运行过程中根据系统目前状态有目的地不断变化，强迫系统依据预定好的状态轨迹运动。由于滑动模态的设计不依赖于对象的参数以及扰动，可以依照系统目的进行自行设计，因此，滑模控制具有响应快速、不需要系统在线辨识、物理实现相对简单等特点，尤其对系统参数变化不敏感，抗干扰强，特别适用于含有不确定性的非线性系统。近年来，滑模变结构控制在实际中得到了广泛的应用，包括电动机、机器人、飞行器、倒立摆以及伺服系统等领域。这些领域中的被控对象往往含有严重复杂非线性，并且存在系统参数摄动、未建模动态以及外界扰动。A. Utkin 等人在文献［43］中详细讨论了变结构控制在直流电动机和感应电动机中的设计方法。Z. H. Man 等[44]人针对机器人的位置控制，设计了滑模控制器。高为炳在文献［45］中对飞行器的变结构控制进行了设计。Y. P. Chen 等[46]人针对并行二级倒立摆，采用滑模变结构控制策略，通过计算机实时控制，实现了位置角度跟踪控制。伺服系统具有不确定性与非线性，非线性因素主要包括以下三个方面。

（1）摩擦力矩、耦合力矩以及干扰力矩等。

（2）负载变化引起的转动惯量以及温度升高致使的参数变化。

（3）测量延迟、测量噪声、高频未建模动态等。

由于上述因素的存在，很难建立一个精确的数学模型，在建模过程中，忽略这些不确定非线性因素而做的近似处理必然导致模型的不精确性，从近似模型出发，会影响控制系统的精度，甚至造成系统不稳定。因此，考虑对象不确定性与非线性，设计控制器使在不确定系统下依然保持系统稳定，具有一定理论和工程实际意义。而人工肌肉（IPMC）材料的驱动过程涉及电场、流场、化学场、力场等，也是一种高度复杂非线性对象，因此，对 IPMC 的位置控制滑模变结构控制具有理论与现实意义。

一般情况下，假设控制系统为 $\dot{x} = f(x, u, t)$，$x \in R^n$，$u \in R$，$t \in R$，首先，需要选择确定一个切换函数 $s(x)$，它将状态空间分为 $s > 0$ 及 $s < 0$。在滑模面上的运动点一般包含以下三类情形：

（1）通常点——系统运动点到达切换面 $s = 0$ 附近并穿越，如图 6-1 中点 M。

（2）起始点——系统运动点到达切换面 $s = 0$ 附近并向两边离开，如图 6-1 中点 N。

（3）终止点——系统运动点到达切换面 $s = 0$ 附近，从两边趋近于该点，如图 6-1 中点 F。

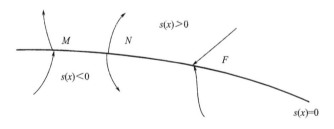

图 6-1　滑模特性示意图

在滑模控制中，一般通常点与起始点对于滑模研究来说无特殊意义，研究颇多的为终止点，因为假设切换面某一区域内的点都是终止点，那么只要这些点运动到该区域时就会被吸引在此区域运动，$s = 0$ 上所有运动点都是终止点的区域为"滑动模态区"，此时，在该区域的运动状态称为滑模运动。根据滑模运动点必须是终止点的条件，当运动点到达 $s = 0$ 附近时必由以下公式成立：

$$\begin{cases} \lim\limits_{s \to 0^+} \dot{s} \leqslant 0 \\[2mm] \lim\limits_{s \to 0^-} \dot{s} \geqslant 0 \end{cases} \quad 即 \ \lim\limits_{s \to 0} s\dot{s} \leqslant 0 \qquad (6\text{-}1)$$

滑模面选择确定后需要求解滑动模态控制律，使切换面之外的状态点在有限时间内到达切换面，这就要求求出控制率 $u(x)$，且 $u^+(x) \neq u^-(x)$，即满足式（6-2）的条件：

$$u(x) = \begin{cases} u^+(x), & s(x) > 0 \\ u^-(x), & s(x) < 0 \end{cases} \qquad (6\text{-}2)$$

由以上可知，对于特定的非线性系统模型来说，要运用滑模变结构设计方法，需满足以下三个条件。

（1）滑模变结构控制的滑动模态存在，式（6-2）条件成立。

（2）满足滑动模态的可达性条件，在切换面 $s = 0$ 以外的点在有限时间到达滑模面。

（3）确保滑动模态运动的稳定性并且能够保证系统具有较好的动态特性。

滑模变结构控制中控制率的选取要能够保证系统的可达性，即系统从空间的任一状态都能在有限时间到达滑模面，并具有渐进稳定的性能，通常选取的控制结构形式有以下所述三种形式。

（1）常值切换函数：

$$u = u_0 \mathrm{sgn}[s(x)] \qquad (6\text{-}3)$$

（2）函数切换控制：

$$u(x) = \begin{cases} u^+(x), & s(x) > 0 \\ u^-(x), & s(x) < 0 \end{cases} \qquad (6\text{-}4)$$

（3）比例切换控制：

$$u = \sum_{i=1}^{k} \Phi_i x_i k < n \qquad (6\text{-}5)$$

式中：$\Phi_i = \begin{cases} \alpha_i, & x_i s < 0 \\ \beta_i, & x_i s > 0 \end{cases}$，$\alpha_i$，$\beta_i$ 为常数。

滑模运动过程中分为趋近滑膜面运动过程和抵达滑模面后的滑动模态两个阶段。系统从任意状态趋近滑膜面的运动称为趋近运动。根据滑膜可达性条件只是保证由空间任意状态点在有限时间到达切换面，趋近运动轨迹没有做任何限制，采用趋近律方法可以改善运动品质。几种常见的趋近率如下。

（1）等速趋近率：$\dot{s}=-\xi\mathrm{sgn}(s)\xi>0$，其中 ξ 越小，趋近速度越慢，太大则引起抖振越大。

（2）指数趋近率：$\dot{s}=-\xi\mathrm{sgn}(s)-ks\xi>0$，$k>0$，为了快速到达并削弱抖振，$\xi$ 一般小于 k。

（3）幂次趋近率：$\dot{s}=-\xi|s|^{\alpha}\mathrm{sgn}(s)0<\alpha<1$，通过调整 α 值来控制趋近速度，减小抖振。

（4）一般趋近率：$\dot{s}=-\xi\mathrm{sgn}(s)-f(s)\xi>0$。

趋近律选取时要根据系统的特定性能保证以较快速度趋近切换面的同时减小抖振，要合理选取，满足系统综合性能指标。

滑模变结构控制应用范围广泛，如电动机控制、飞行器控制等领域。20 世纪 80 年代在机器人、航空航天等领域成功应用滑模变结构控制的方法，并取得大量的研究成果，高为炳院士对航天飞行器运用了滑模变结构控制算法对其进行设计，采用模糊控制与滑模变结构控制器的结合，实现了基于导弹姿态控制系统的模糊变结构滑模控制。这些与滑模变结构控制的优越性密切相关。另外，滑模变结构控制在工业控制领域也具有广泛的应用，设计的控制系统采用了两级分层设计方法，具有很好的稳定性，该控制器通过对目标控制车轮施加制动力矩来达到稳定汽车操纵性的目的。滑模变结构在实际控制中的应用为其理论研究提供了重要的应用基础，对该理论的发展具有重大的研究意义。

6.2　滑模变结构控制器设计

滑模变结构控制的原理是依据期望的动态特性设计滑模面，并通过设计滑模控制率使得系统的状态点从切换面以外向切换面收束，一旦到达切换面，将保证切换面到达系统原点，这一沿切换面向原点运动的过程称为滑模控制。滑模变结构控制器的设计步骤包含以下两部分[5]。

（1）设计切换函数 $s(x)$，使滑动模态渐近稳定且具有良好的动态特性。

（2）设计滑动模态控制率 $u(x)$，满足到达条件，从而在切换面上形成滑动模态区。一旦确定切换函数 $s(x)$ 和滑模控制率 $u(x)$，滑动模态控制系统就能建立起来。

6.2.1 切换函数设计

滑模函数设计为 $s(t) = ce(t)$，其中，$c>0$ 满足 Hurwitz 条件。误差及其导数分别为：

$$e(t) = x_d(t) - x(t) \quad \dot{e}(t) = \dot{x}d(t) - \dot{x}(t) \tag{6-6}$$

式中：$x_d(t)$ 为设定值。则：

$$\dot{s}(t) = c\dot{e}(t) = c[\dot{x}d(t) - \dot{x}(t)] \tag{6-7}$$

6.2.2 滑动模态控制率设计

采用指数趋近律，其形式为：

$$\dot{s} = -\xi \operatorname{sgn}(s) - ks, \quad \xi > 0, \ k > 0 \tag{6-8}$$

$\dot{s} = -ks$ 是指数趋近项部分，它的解为 $s = s(0)e^{-kt}$，指数项 $-ks$ 能保证当 s 较大时，系统能以较大速度趋近于滑动模态。但是，如果只用渐近逼近的指数趋近部分，将不能确保在有限时间内到达切换面上，那么，滑动模态也就不再存在，所以，要增加 $\dot{s} = -\xi \operatorname{sgn}(s)$，$\xi > 0$ 等速趋近部分。这样切换面 s 趋近于 $s=0$ 时的速度为 ξ 不为零，能够确保在有限时间内抵达，采用指数趋近律，不仅可以改善系统的动态特性品质，还可以在一定意义下有效地抑制抖振：

$$s\dot{s} = -\xi s \operatorname{sgn}(s) - ks^2, \quad \xi > 0, \ k > 0 \tag{6-9}$$

从而保证 $s\dot{s} \leq 0$ 即满足滑模存在性和可达条件。选取 Lyapunov 函数：$v = \frac{1}{2}s^2$，对其求导有：

$$\dot{v} = s\dot{s} = -\xi s \operatorname{sgn}(s) - ks^2 \tag{6-10}$$

根据上述分析得：

$$s\dot{s} \leq 0, \ \dot{v} \leq 0 \tag{6-11}$$

证明基于指数趋近律的滑模变结构控制在 Lyapunov 意义下是渐近稳定的。由动态方程状态空间方程表达式：

$$\dot{x} = \frac{(x - au)\sqrt{2b\left[\dfrac{xe^{-x}}{1 - e^{-x}} - \ln\left(\dfrac{xe^{-x}}{1 - e^{-x}}\right) - 1\right]}}{SKeb(Ra + Rc)\left(1 - \dfrac{1 - e^{-x}}{xe^{-x}}\right)\dfrac{e^{-x}(1 - x - e^{-x})}{(1 - e^{-x})^2}} \tag{6-12}$$

分别令 A、B 为如下形式：

$$A = \frac{\left(1 - \dfrac{e^x - 1}{x}\right) \times (e^x - 1 - xe^x)}{(e^x - 1)^2} \tag{6-13}$$

$$B = \sqrt{\frac{x}{e^x - 1} - \ln\left(\frac{x}{e^x - 1}\right) - 1} \tag{6-14}$$

将辨识得到的参数以及 A、B 代入式（6-13）并化简，得到等效关系式：

$$\dot{x} = \frac{-0.5567A \times (x - 40.017u)}{B} \tag{6-15}$$

由式（6-7）和式（6-8）联立得：

$$c[\dot{x}d(t) - \dot{x}(t)] = -\xi \mathrm{sgn}(s) - ks \tag{6-16}$$

将式（6-15）代入式（6-16）得：

$$u = 0.025 \times \left\{\frac{B[\xi \mathrm{sgn}(s) + ks]}{0.5567A \times c} + x\right\} \tag{6-17}$$

上述控制律的设计没将外部扰动考虑在内，在实际系统中，假设存在外部干扰的情况下，控制器的设计如下：设 d 为干扰，未知但有界。设计滑模控制律为：

$$u = 0.025 \times \left\{\frac{B[\xi \mathrm{sgn}(s) + ks]}{0.5567A \times c} + x - dc\right\} \tag{6-18}$$

式中：dc 为设计的与干扰 d 的界相关的正实数。将式（6-18）代入式（6-15）和式（6-16）中得：

$$\dot{s} = -\xi \mathrm{sgn}(s) - ks + dc - d \tag{6-19}$$

通过选取 dc 来保证控制系统稳定，即满足滑模到达条件。假设 $d_{\min} \leq d \leq d_{\max}$，$dc$ 选择的原则为：

（1）当 $s(t) > 0$ 时，$\dot{s} = -\xi - ks + dc - d$，为了保证 $\dot{s} < 0$，取 $dc = d_{\min}$。

（2）当 $s(t) < 0$ 时，$\dot{s} = -\xi - ks + dc - d$，为了保证 $\dot{s} > 0$，取 $dc = d_{\max}$。

取 $\begin{cases} d_1 = \dfrac{d_{\max} - d_{\min}}{2} \\ d_2 = \dfrac{d_{\max} + d_{\min}}{2} \end{cases}$，则可设计满足上述两个条件的 $d_c = d_2 - d_1 \mathrm{sgn}(s)$。

为了进而确保 IPMC 的寿命，其控制电压 u 要进行限幅，$Q(t) = \theta[u(t)]$，其中 $u_{\max} = 3V$，$u_{\min} = -3V$，输入受限约束条件如下所示：

$$\theta(v) = \begin{cases} u_{\max}, & v > u_{\max} \\ v, & u_{\min} \leq v \leq u_{\max} \\ u_{\min}, & v < u_{\min} \end{cases} \qquad (6-20)$$

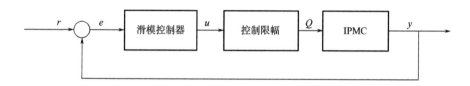

图 6-2 滑模控制方框图

6.2.3 系统仿真结果分析（表 6-1、图 6-3、图 6-4）

表 6-1 辨识的模型参数（Parameters in the model）

符号	含义	数值
L	长度	50mm
h	厚度	200μm
W	宽度	10mm
T	绝对温度	290K
Ra	限流电阻	18Ω
Rc	电极电阻	60Ω
Ye	等效模量	0.56GPa
α_0	耦合系数	0.129J/C
C^{-1}	负离子浓度	981mol/m^3
F	法拉第常数	96487C/mol
Ke	介电常数	1.12×10^{-6}F/m
R	气体常数	8.3143J/（mol·K）

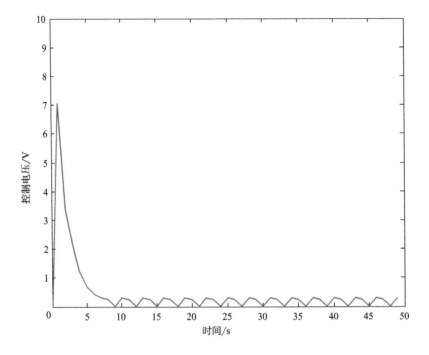

图 6-3 抖振下控制器的输出

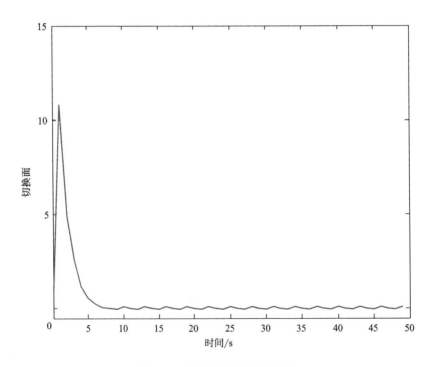

图 6-4 抖振下切换面变化轨迹

6.3 防抖振分析

对于理想的滑模控制系统而言，如果在控制过程中具有理想开关特性，系统状态测量准确，控制量不受约束，那么，滑动模态光滑趋近于原点且不会产生抖振。但是对于实际系统来说，这种理想情况是不存在的。特别对于离散滑模控制系统，会在光滑的滑动模态下叠加锯齿轨迹，所以抖振是客观存在的。抖振产生的原因主要包括时间与空间滞后开关，系统惯性带来的影响以及离散系统自身所造成的抖振。

系统运动轨迹趋近滑模面的速度是有限的，惯性使运动点穿越滑模面，从而引起抖振。在科技发展的今天，大多数系统采用的计算机系统，快速数值运算下所产生的切换开关本身所引起的时间以及空间滞后影响几乎不存在，引起抖振的主要原因[6] 在于开关的不断切换操作所引起的控制操作不连续性，抖振影响控制系统的精度，增加能耗，甚至会激发未建模动态下的高频响应，使系统发生振荡，破坏系统性能及损坏部件。

对于抖振的研究，已经成为滑模变结构控制研究中一个独立的分支，许多专家以及学者对它进行了研究，提出了不同的解决策略。文献［7］在变结构抖振研究中采用边界层控制，实现了准滑动模态控制，对抖振进行了抑制。高为炳教授[40]采用趋近律方法，提出了一种变结构控制的抖振消除方法，通过调整控制器参数在保证运动品质的同时，尽可能减小抖振。W. C. Su 等[8]人通过设计滤波器来进行控制器的设计。H. Morioka 等[9]人采用神经网络实现了线性系统的不确定性部分、非线性部分以及未知外加干扰的在线估计，有效地消除了抖振。其他方法还包括模糊方法、扇形区域法、遗传算法等[10-12]。

6.3.1 边界层设计

从上述结果分析可以看出，系统的输出存在抖振现象与电压超出最大限制。本文将采用边界层方法来削弱抖振。边界层方法就是在滑模控制过程中当系统的运动点接近于切换面时，在 $s(x) = 0$ 上下某一邻域内采用线性反馈控制，而在这个领域之外采用切换控制。而电压限幅的问题用式（6-20）约束，抖振抑制在编程实现时采用饱和函数 sat(s) 来代替 sgn(s)，如式（6-21）所示：

$$\text{sat}(s) = \begin{cases} 1, & s > \Delta \\ ks, & |s| \le \Delta \quad k = \dfrac{1}{\Delta} \\ -1, & s < -\Delta \end{cases} \tag{6-21}$$

6.3.2　系统仿真结果分析

图 6-5、图 6-6 分别代表抖振抑制前后的控制器输出与切换函数对比图，从图中可以看出，采用边界层方法，抖振得到一定的抑制。

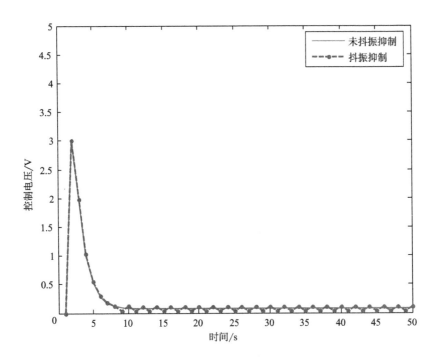

图 6-5　控制器输出对比图

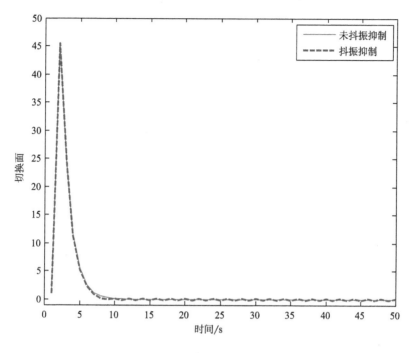

图 6-6　切换函数对比图

6.4　滑模变结构控制器参数优化算法设计

6.4.1　标准粒子群算法原理

粒子群优化算法（PSO，Particle swarm optimization），又名粒子群算法、微粒群算法，它是于 1995 年由 Kennedy 与 Eberhart 首次提出。他们得到的启发来自鸟群觅食这一行为，这种智能算法其实是一种基于群体共同相互配合协调工作的随机搜索算法，实现对复杂空间维度内最优值的搜索；PSO 与其他进化算法不同之处在于不需要对个体进行交叉、变异、选择等，而是把种群中的每一个个体看作是没有质量、没有体积的一个粒子，在 D 维的搜索空间中，每个粒子初始的位置不同，而且它们都有一定的速度并在 D 维的解空间内运动，运动的方向就是向自身所认知的历史最佳位置 pbest 与某个邻域内的历史最佳位置 pbest 聚集，实现对候选解的进化。

鸟群觅食的情景可以描述为：在一个区域存在着一块鸟食，周围分布着一群觅食的鸟，这些鸟虽然在这个区域中但是并不知道所要寻找的鸟食具体在哪里，但它们能根据自己当前位置来判断离鸟食有多远的距离，那么，找到鸟食最直接有效的方法就是追寻自己当前区域视野中距离食物最近的鸟。如果把在某个点的食物当作最优解，把这些鸟到食物所在的距离当作某个函数的适应值，那么鸟群集体觅食的行为过程相当于一个函数自动寻优的过程。粒子群算法的核心思想就是通过群体中的每个个体之间相互配合、相互协调工作以及相互的信息共享来共同寻求最优值的过程。PSO 的优点包括操作简单、易于实现，没有过多参数之间的调节。目前，广泛应用于神经网络训练、函数优化、模糊控制及遗传算法等领域。

粒子群算法优化的过程可以概括为：首先粒子群优化寻优的过程就类似于鸟群觅食的过程，每个鸟儿包括鸟食都在一定区域内，这些鸟儿都可以被看作是一个粒子，每个粒子都由类似鸟到鸟食的距离这样的适应度函数所决定。整个搜索过程就是寻找适应度值最小的过程。优化开始的时候，随机初始化一群粒子，这些粒子都有一定的速度，粒子每次寻优时通过两个值来更新自己的速度与位置，一个是自己所认知的历史最佳位置，称为个体极值，另一个是局部极值或全局极值。局部极值是粒子的某个领域的最小极值，全局极值就是整个种群找到的最小极值。粒子群所搜优化时必须包括个体极值，否则，在搜索前期容易追随局部极值或全局极值陷入局部最优。

假设有一个目标搜索空间，维度是 D 维，在这个 D 维空间中有 N 个粒子，那么，每个粒子就代表 D 维空间中的一个点，其中第 i 个粒子在 D 维空间中的位置向量可以表示为：

$$X_i = (x_{i1}, x_{i2}, \cdots, x_{iD}), i = 1, 2, \cdots, N \tag{6-22}$$

第 i 个粒子在 D 维空间中的速度向量可以表示为：

$$V_i = (v_{i1}, v_{i2}, \cdots, v_{iD}), i = 1, 2, \cdots, N \tag{6-23}$$

第 i 个粒子自身找到的最优解称为个体极值，表示为：

$$p_{\text{best}} = (p_{i1}, p_{i2}, \cdots, p_{iD}), i = 1, 2, \cdots, N \tag{6-24}$$

种群找到的最优解称为全局极值，表示为：

$$g_{\text{best}} = (p_{g1}, p_{g2}, \cdots, p_{gD}) \tag{6-25}$$

粒子按照式（6-26）来更新自己的速度及位置：

$$\begin{cases} v_{id} = v_{id} + c_1 r_1 (p_{id} - x_{id}) + c_2 r_2 (p_{gd} - x_{id}) \\ x_{id} = x_{id} + v_{id} \end{cases} \tag{6-26}$$

式中：c_1 和 c_2 为学习因子，r_1 和 r_2 为 [0，1] 内的均匀分布随机数。式（6-26）右边由三部分组成，从社会学的角度看，v_{id} 为记忆部分，它的意思是粒子在速度更新时，考虑保持了自己当前速度大小和方向，表征了粒子的一种运动记忆习惯；$p_{id} - x_{id}$ 为自身认知部分，是从当前点指向粒子本身最优点的矢量，表征粒子对自身搜过的历史最佳位置的回忆，揭示了粒子有向自身历史最优点逼近的趋势；$p_{gd} - x_{id}$ 为社会或群体认知部分，是指当前点指向整个种群最优点的矢量，反映了粒子间知识共享与协同合作，表示粒子有向群体历史最优点逼近的趋势。v_{id} 是粒子的速度，$v_{id} \in [-v_{max}]$，v_{max} 是常数，由用户设定来限制粒子的速度。r_1 和 r_2 是介于之间的随机数。

（1）最大速度 $vmax$ 的选择。粒子速度是随机变量，决定着当前位置与最优位置之间的精度与分辨率。速度太大，有助于全局搜索，但是粒子有可能越过最优解所在区域；速度太慢，有助于局部搜索，但是粒子搜索的广度则会受到限制，容易陷入局部极值点内。所以粒子的速度通常被限制在 $[-v_{max}]$。

（2）加速常数的选择。式（6-26）中的加速常数 c_1 和 c_2 分别代表每个粒子指向 Pid 或 Pgd 最佳位置的加速项权值，较低的加速常数可以在目标所在区域内徘徊，相反，如果加速常数过大也有可能会致使粒子冲出所在区域。通常取 $c_1 = c_2 = 2$。

基本粒子群算法的优点：PSO 算法具有很强的记忆功能，它能够保留全局和个体的最优并把记忆的信息传递给其他粒子；PSO 没有交叉和变异，搜索速度快，算法简单，需要调整的参数比较少且易于工程实现；PSO 将问题优化解的变量个数转化为粒子搜索目标区域内的维数，采用实数编码。

基本粒子群缺点：在优化过程中容易陷入局部最优，致使算法不收敛或者精度低；局部搜索能力较差，初始化粒子范围有一定局限性。

6.4.2　改进的粒子群算法

（1）增加惯性因子或收缩因子的改进粒子群优化算法。在求解实际应用问题时，对于全局及局部的搜索能力要求是区别的，当 PSO 根据式（6-26）来更新速度时，即便 $vmax$ 和两个加速因子 c_1 与 c_2 选择合适，粒子仍有可能越出目标所在区域，采用惯性权重或收缩因子对其进行限制。带有惯性权重的标准粒子群算法，见式（6-27）：

$$v_{id} = w \times v_{id} + c_1 r_1 (p_{id} - x_{id}) + c_2 r_2 (p_{gd} - x_{id}), \ x_{id} = x_{id} + v_{id} \tag{6-27}$$

从式（6-28）可以看出，粒子速度的更新相比式（6-26）增加权值 w，w 值影响着粒子每次更新速度的大小，如果 w 的取值越大，那么粒子的速度就会越大，显而易见，粒子全局搜索寻优的能力越强，局部搜索寻优就会越弱；反之，w 的取值越小，局部搜索寻优的能力就会越强，全局搜索寻优就会越弱。文献［13］根据更新迭代次数的增加，w 的取值从 0.9 线性递减至 0.4，采用线性递减权值（Linearly Decreasing Weight，LDW）策略。其中 G_{max} 为最大迭代次数，w_{start} 为初始惯性权值，w_{end} 为迭代到最大次数时对应的惯性权值，一般取值为 $w_{start} = 0.9$，$w_{end} = 0.4$：

$$w = (w_{start} - w_{end}) \times \frac{G_{max} - G}{G_{max}} \tag{6-28}$$

带收缩因子的速度更新公式如下，它是由 Clerc 和 Kennedy[14] 提出：

$$v_{id} = K[v_{id} + c_1 r_1 (p_{id} - x_{id}) + c_2 r_2 (p_{gd} - x_{id})] \tag{6-29}$$

式中：$K = \dfrac{2}{\left|2 - \rho - \sqrt{\rho^2 - 4\rho}\right|}$，$\rho = c_1 + c_2$，$\rho > 4$；通常 $\rho = 4.1$，$K = 0.729$。

（2）针对粒子群容易陷入局部最优的缺点，将模拟退火思想融入粒子群算法中[15]，在温度变化相对缓慢时，可以搜索到较好的结果，而基本粒子群算法并不能通过迭代次数的增加来达到这样的效果，将两者算法融合，一方面利用了 PSO 快速的收敛性，另一方面利用模拟退火跳过局部最优的特点，可以获得高精度的最优值。

（3）改进学习因子。在粒子搜索过程中，为了避免陷入局部最优，对学习因子进行改进，在粒子搜索前期，c_1 应取较大值，粒子追寻自身找到的最优值，在搜索后期，c_2 取较大值，粒子追寻全局种群找到的最优值。徐生兵等[16]人对学习因子作了如下改进，如式（6-30）所示：

$$C_1 = 1.3 + 1.2\cos\frac{k\pi}{G} \quad C_2 = 2 - 1.2\cos\frac{k\pi}{G} \tag{6-30}$$

式中：k 是当前迭代次数，G 为最大迭代次数，当 $1 \leqslant k \leqslant 0.47G$，$C_1 > C_2$，当 $0.47G \leqslant k \leqslant G$，$C_1 < C_2$。

（4）初始化粒子的改进。初始化粒子是随机分配的，有些初始化粒子不在目标区域内，造成资源浪费，搜索无效，或者使粒子群收敛速度变慢，在某一区域有可能陷入局部最优，所以，在有些时候需要对初始化粒子做进一步的改进。

6.4.3　改进粒子群算法在滑模控制器中的设计与应用

一般在数值分析的应用当中，龙格库塔法（Runge—Kutta）用于模拟常微分的解，最常用的是四阶龙格库塔法，又名经典 R—K 方法（图 6-7）。它的基本思想是利用区间上若干点的导数，将这些导数线性组合得到平均斜率并通过计算斜率的插值点个数，用来增加局部截断误差的阶数以及提高求解的精度[17]，其格式如式（6-31）所示：

$$\begin{cases} Y_{n+1} = Y_n + \dfrac{h}{6}(K_1 + 2K_2 + 2K_3 + K_4) \\[2mm] K_1 = F(t_n,\ Y_n) \\[2mm] K_2 = F\left(t_n + \dfrac{1}{2}h,\ Y_n + \dfrac{h}{2}K_1\right) \\[2mm] K_3 = F\left(t_n + \dfrac{1}{2}h,\ Y_n + \dfrac{h}{2}K_2\right) \\[2mm] K_4 = F(t_n + h,\ Y_n + hK_3) \end{cases} \tag{6-31}$$

K_1 表示时间段开始的斜率，K_2 是时间段中点的斜率，通过欧拉法利用斜率 K_1 的值来决定 y 在 $t_n + \dfrac{1}{2}h$ 的值，K_3 是中点的斜率，通过利用 K_2 的值来决定此时刻的 y 值，K_4 是时间段终点的斜率，它的 y 值由 K_3 决定。

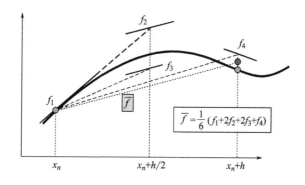

图 6-7　四阶 Runge—Kutta

根据四阶 Runge—Kutta，编写 Matlab 中的 M 函数，求出每个时刻的状态解，采用过权值线性递减的 PSO 算法进行优化，如式（6-32）所示：

$$\begin{cases} k_1 = \dfrac{-0.5567A\big[(1+\Delta)x_0 - 40.017u\big]\mathrm{d}t}{B} \\[4mm] k_2 = \dfrac{\{-0.5567A\big[(1+\Delta)x_0 - 40.017u\big] + 0.5k1\}\mathrm{d}t}{B} \\[4mm] k_3 = \dfrac{\{-0.5567A\big[(1+\Delta)x_0 - 40.017u\big] + 0.5k2\}\mathrm{d}t}{B} \\[4mm] k_4 = \dfrac{\{-0.5567A\big[(1+\Delta)x_0 - 40.017u\big] + 0.5k3\}\mathrm{d}t}{B} \\[4mm] x = x + \dfrac{1}{6}(k_1 + 2k_2 + 2k_3 + k_4) \end{cases} \tag{6-32}$$

x_0 是初始时的状态值，u 是控制电压，$\mathrm{d}t$ 是采样时间，A 与 B 是代数表达式的简写，Δ 是模型不确定性。从前面我们得知 $A = \dfrac{\left(1 - \dfrac{\mathrm{e}^x - 1}{x}\right) \times (\mathrm{e}^x - 1 - x\mathrm{e}^x)}{(\mathrm{e}^x - 1)^2}$，$B = \sqrt{\dfrac{x}{\mathrm{e}^x - 1} - \ln\left(\dfrac{x}{\mathrm{e}^x - 1}\right) - 1}$，$u = 0.025 \times \left\{ \dfrac{B[\xi \mathrm{sgn}(s) + ks]}{0.5567A \times c} + x \right\}$。这里采样时间 $\mathrm{d}t = 0.02$，因为需要优化优化的滑模控制器参数有 3 个，所以粒子群维数 $D = 3$，最大速度 $v_{\max} = 5$，加速常数 $c_1 = c_2 = 2$，粒子群规模 $N = 10$，最大迭代次数 $G_{\max} = 200$，$w_{\mathrm{start}} = 0.9$，$w_{\mathrm{end}} = 0.4$，$w = w_{\max} - G \times \dfrac{w_{\max} - w_{\min}}{G_{\max}}$，为了能够快速趋近并且同时减小抖振，应在增大 k 的同时，减小 ξ，即 k 的值应大于 ξ，目标区域选为 $[1, 10]$，目标函数选为 $J = \int_0^t t|\mathrm{e}(t)|\mathrm{d}t$，该函数具有响应速度快超调小等特点。适应度函数 $F_{\mathrm{fit}} = \dfrac{1}{J}$。

粒子群算法的流程如下（图 6-8）：

（1）初始化粒子的个数 N、位置 x_i、速度 V_i；

（2）根据不同位置，对各个粒子的适应度 F_{fit} 进行计算；

（3）对每个粒子，用它的适应度值 F_{fit} 和它所经过的个体极值 p_{best} 作比较，如果 $F_{\mathrm{fit}} > p_{\mathrm{best}}$，则将其作为当前的个体极值 p_{best}；

（4）对每个粒子，用它的适应度值 F_{fit} 和经过的全局极值 g_{best} 比较，如果 $F_{\mathrm{fit}} > g_{\mathrm{best}}$ 则将其作为当前的全局极值 g_{best}；

（5）根据式（6-23）更新粒子的速度 V_i 和位置 x_i；

（6）如果误差精度达到要求或者迭代次数达到上限，结束，否则返回步骤（2）。

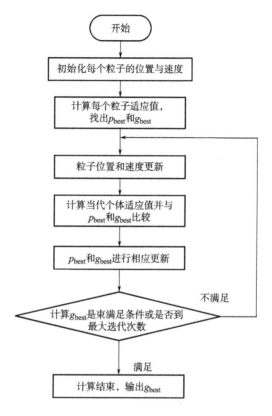

图 6-8　改进 PSO 算法流程图

6.4.4　系统仿真结果分析

6.4.4.1　粒子群测试

为了验证粒子群算法的准确性，分别使用测试函数 ackley ［式（6-33）］和测试函数 Griewank ［式（6-34）］对其进行验证，如图 6-9 所示，粒子搜索范围为 ［-10，10］，速度大小在 ［-5，5］，粒子规模 $N = 10$，$c_1 = c_2 = 2$，$w_{start} = 0.9$，$w_{end} = 0.4$，$w = w_{max} -$

$G \times \dfrac{w_{max} - w_{min}}{G_{max}}$。

$$\text{ackley} = 20 + e - 20e^{-0.2\sqrt{\frac{1}{2}(x^2+y^2)}} - e^{\frac{1}{2}(\cos 2\pi x + \cos 2\pi y)} \tag{6-33}$$

$$\text{Griewank} = \frac{1}{4000}(x^2 + y^2) - \cos x \left(\cos \frac{y}{\sqrt{2}}\right) + 1 \tag{6-34}$$

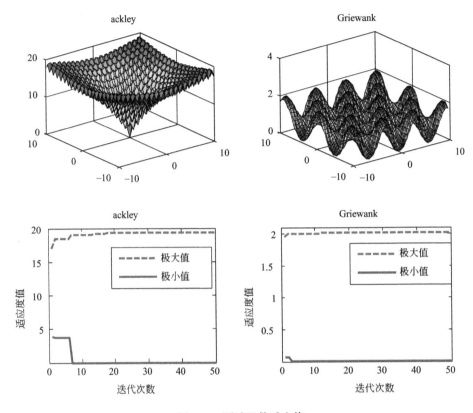

图 6-9　测试函数适应值

从上图分析可以看出，ackley 函数的三维立体直观图极小值为 0 点，极大值接近 20，Griewank 函数极小值为 0 点，极大值在 2 附近，应用粒子群算法进行寻优，达到了一定效果，算法是有效的，下面以 ackley 函数极小值为例子用 PSO 工具箱看看动态粒子的运动轨迹，结果显示在点（-0.000643958090744，0.000069290681166）上适应值为-0.001843072343889（图 6-10）。

6.4.4.2　系统仿真

将测试通过的粒子群优化程序应用到控制系统中控制器参数的优化上，图 6-11 描述的是滑模控制器寻优曲线，如图 6-12 所示为是适应度变化曲线，经粒子群寻优，参数 $\xi = 1.09$，$k = 4.14$，$c = 3.34$，运用寻优得到的参数代入到滑模控制器中，分别在有无模型不确定性下对其进行控制，均能达到稳定，如图 6-13 所示。

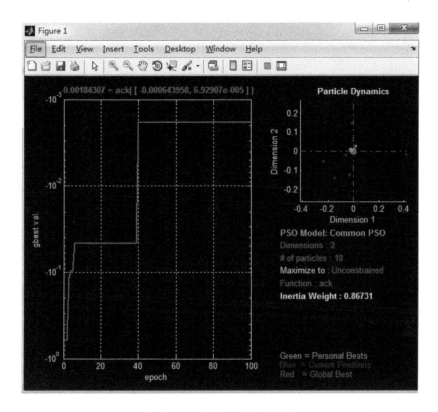

图 6-10　PSO 工具箱动态寻优

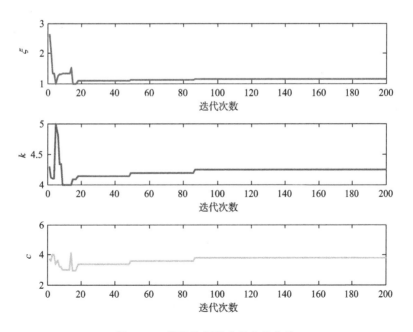

图 6-11　滑模控制器参数变化曲线

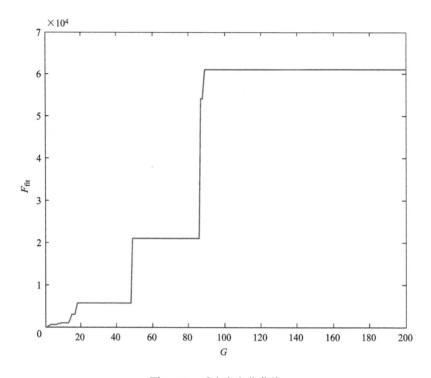

图 6-12　适应度变化曲线

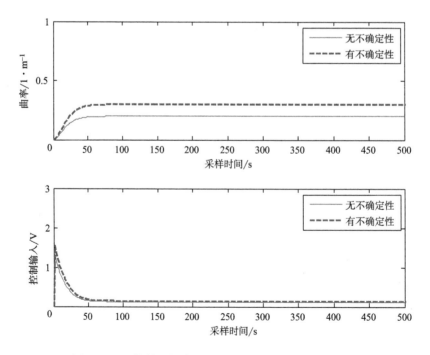

图 6-13　系统输入与输出在有无模型不确定性的效果图

6.5　跟踪控制系统设计及参数优化

6.5.1　基于粒子群跟踪控制器参数优化

通常认为粒子群优化算法是群集智能（SI，Swarm intelligence）的一种。它可以被纳入多主体优化系统（MAOS，Multiagent Optimization System）。粒子群优化算法是由 Eberhart 博士和 kennedy 博士发明[18,19]。

通过粒子群优化自动寻优得到滑模控制器的三个参数的最佳组合匹配，满足了系统的鲁棒稳定，进而使用 PI 跟踪控制器对其进行跟踪，接下来通过粒子群自动寻优，包括跟踪控制器参数在内的五参数组合，如何找到这之间的最佳组合呢？下面对其进行了验证，适应度函数选为 $F_{\text{fit}} = \int_0^t t|e(t)|dt$，分别对阶跃以及正弦信号进行跟踪控制，如图 6-14～图 6-19 所示，粒子群优化出来的参数代入跟踪

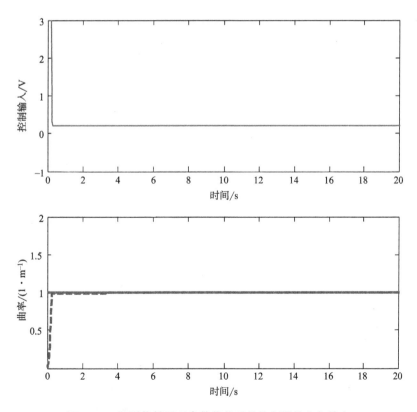

图 6-14　阶跃信号下五参数优化后的控制器输入与输出

控制器能够达到跟踪目的。但对于五维问题，粒子初始范围是随机的，随机产生的粒子的某一维数并不是真实有效的，尽管能够满足粒子群优化跟踪控制器和滑模控制器参数的要求，但是需要对某一维做一些限制，才可以避免超调，缩短调节时间等。

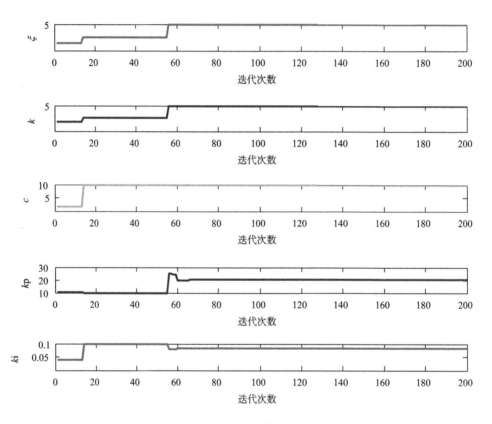

图 6-15　阶跃信号下五参数变化曲线

用粒子群优化五个参数，从仿真效果看，五个参数的匹配问题比三个参数的匹配来得困难，对某一维度要做一些限制，性能要求的也比较多，如系统超调、调节时间、振荡等。所以，用粒子群可以优化鲁棒稳定的滑模控制器的参数和跟踪控制器参数，但是由于粒子群初始化位置对优化效果有一定影响，K_p、K_i 参数的整定需要用经验法大致确定范围加以限制才能避免超调、震荡等，所以，对于跟踪控制器，尝试采用神经网络自动调整权值的方法去调节控制器的输出，而把滑模控制系统等效为一个稳定的对象。

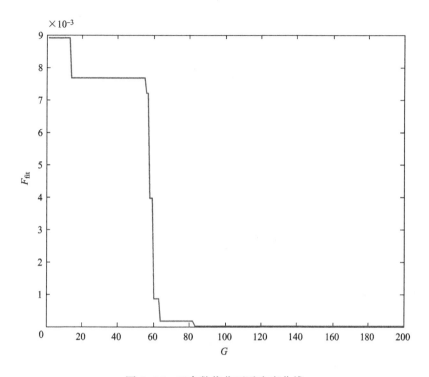

图 6-16　五参数优化下适应度曲线

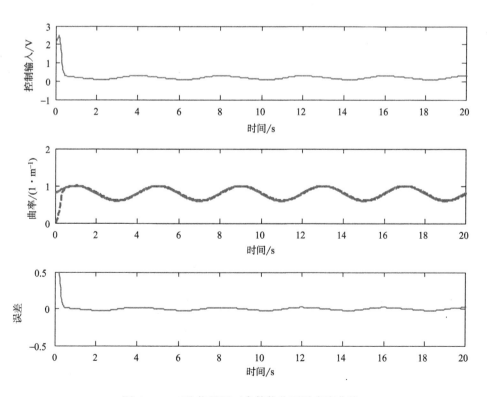

图 6-17　正弦信号下五参数优化下适应度曲线

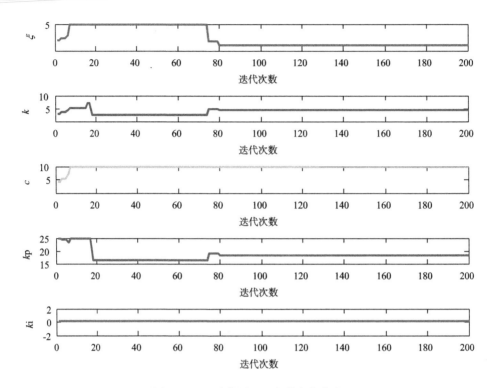

图 6-18　正弦信号下五参数变化曲线

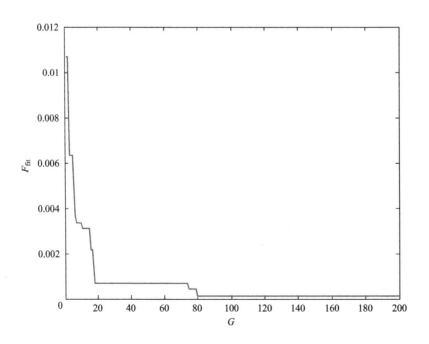

图 6-19　正弦信号下五参数优化下适应度曲线

6.5.2　基于神经网络的线性跟踪控制系统设计

6.5.2.1　多层前向 BP 网络

多层前向 BP（Back-Propagation）网络，又名"误差反向传播神经网络"，它是由 Werbos 于 1974 年提出来的，是目前应用最广泛的一种神经网络形式，通常由输入层、隐含层、输出层构成。它的学习规则采用的是最速下降法，学习过程包括正向传播与反向传播。在正向传播过程中，隐含层单元处理来自输入层的消息，并将处理后的结果传入输出层，如果输出层的输出没有达到目标值，则转入反向传播；在反向传播过程中，会逐个修改各层之间神经元的权值。BP 算法实现步骤包括初始化；输入训练值并计算每层输出；计算网络输出误差；计算各层误差信号；调整各层权值；判断误差是否满足精度要求；满足则结束，否则继续计算每层输出。

（1）BP 算法的限制。

①训练时间长。对于一些特殊问题求解，BP 神经网络的时间训练有可能需要几个小时来完成，这主要归结于学习速率太低。对于这种问题，可以采用自适应的学习速率改进。

②完全不能训练。BP 神经网络的初始权值的选取具有随机性，如果在训练时，由于权值调整过大以至于激活函数趋于饱和，那么网络权值的调整基本上就会停滞。所以，在初始化权值的时候，一般选取介于 [-1, 1] 较小的初始权值。

③容易陷入局部极小值。因为 BP 算法采用的是最速下降法，又名"梯度法"，网络的训练是从随机初始化的一点开始，依照误差函数斜面收敛。因此，不同的起点则可能导致不同的极小值产生，甚至找不到最优解。如果训练未达到精度要求，通常增加网络层数或者增加神经元个数来弥补，但是这样会使网络的复杂性和训练时间增加。

（2）BP 算法改进。

①对学习率的改进。一般来说，较小的学习速率容易确保训练的收敛，但是如果学习速率太慢，训练时间就会增加；较大的学习速率能够在一定程度上加快收敛，但可能会致使训练结果震荡或者发散，因此，提出了自适应调节学习率的方法：

$$\eta(t+1) = \begin{cases} 0.75\eta(t), & SSE(t) > 1.04SSE(t-1) \\ 1.05\eta(t), & SSE(t) < SSE(t-1) \\ \eta(t), & \text{其他} \end{cases} \tag{6-35}$$

②选取合理的初始权值。前面介绍初始权值一般选为较小值，以免初始权值在调整过程中超出，导致收敛滞停。但是，初始权值的选取不同，导致最后的收敛结果也会有所不同。因此，初始值的确定决定了网络收敛方向，初始权值的合理选取就会显得意义重大。一般处理的方法都是初始化时候给网络设置多个初始权值，然后根据训练效果来确定选取其中最好的那一个。此外，采用模拟退火方法也有助于跳出局部极小值。该方法是由 Kirkatrick 在 1983 年提出的一种进化算法，该算法的提出主要就是为了解决易陷入局部极小值问题。

③附加动量法。标准 BP 算法在权值调整时，仅依据 t 时刻误差的梯度方向进行调整，忽略了 t 时刻之前的方向信息，从而使在训练的时候发生振荡，造成收敛速度下降，为了避免这种情况，可以在权值调整过程中附加动量。附加动量法实质就是把利用动量因子来传递最后一次权值的变化量。

④改变网络结构。一般根据实际求解问题来确定网络输入与输出层节点数，其中最重要的是隐含层单元的信息确定。如果隐含层单元太少，网络学习过程可能不收敛，模型的选取对问题的处理不会准确，隐含层单元太多，虽然能够提高反映能力，但会造成网络体系过于复杂，性能降低。目前对于隐含层信息的确定经常通过实验来比对效果或者通过已有的经验去确定。

6.5.2.2　基本 BP 算法

基本 BP 算法包含两个方面：信号的正向传播和误差的反向传播。正向传播过程中通过网络的拓扑结构根据网络输入经过权值调整输出，反向传播过程是根据误差准则函数，采用最速下降法，进行反方向权值修正，使得经权值调整过的网络输出接近目标值。如图 6-20 所示，j 为输入层，i 为隐含层，l 为输出层。xm 表示输入层第 m 个节点的输入，网络输入层的输入为：

$$O1^{(1)} = x(1)，O2^{(1)} = x(2)，O3^{(1)} = x(3)，O4^{(1)} = x(4) \qquad (6-36)$$

式中：上标（1）与下面公式中提到的上标（2）、（3）分别代表输入层、隐含层、输出层。w_{ij} 表达的意思是隐含层第 i 个节点单元到输入层第 j 个节点单元之间的权值，w_{li} 是输出层第 l 个节点单元到隐含层第 i 个节点单元之间的权值，$f(x)$ 表示隐含层的激励函数，表示输出层的激励函数，网络隐含层单元的激励函数 f，输出层单元的 Sigmoid 函数分别去为 $f(x)$，$g(x)$，如式（6-37）、式（6-38）所示：

$$f(x) = \frac{e^x - e^{-x}}{e^x + e^{-x}} \qquad (6-37)$$

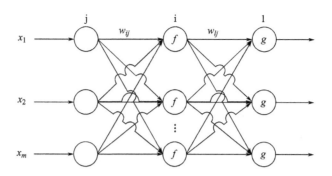

图 6-20　三层 BP 神经网络结构示意图

$$g(x) = \frac{1}{2}\left[1 + \tanh(x)\right] = \frac{e^x}{e^x + e^{-x}} \tag{6-38}$$

（1）信号的前向传播过程。

网络隐含层的输入则为：

$$\mathrm{net}i^{(2)}(k) = \sum_{j=0}^{m} w_{ij}Oj^{(1)}, \ j = 1, \ 2, \ 3, \tag{6-39}$$

网络隐含层的输出为：

$$Oi^{(2)}(k) = f\left[\mathrm{net}i^{(2)}(k)\right], \ i = 1, \ 2, \ \cdots, \ 5 \tag{6-40}$$

网络输出层的输入为：

$$\mathrm{net}l^{(3)}(k) = \sum_{i=0}^{Q} w_{li}Oi^{(2)}(k) \tag{6-41}$$

网络输出层的输出为：

$$\begin{cases} Ol^{(3)}(k) = g\left[\mathrm{net}l^{(3)}(k)\right], \ l = 1, \ 2 \\ O1(k) = kp \\ O2(k) = ki \end{cases} \tag{6-42}$$

（2）误差的反向传播过程。

误差准则函数取为：

$$E(k) = \frac{1}{2}\left[r(k) - y(k)\right]^2 \tag{6-43}$$

采用梯度法，对网络进行修正，如式（6-45）所示：

$$\begin{cases} \Delta w_{li}(k) = \alpha\Delta wl_i(k-1) - \eta\dfrac{\delta E(k)}{\delta w_{li}} \\[3mm] \Delta w_{ij}(k) = \alpha\Delta w_{ij}(k-1) - \eta\dfrac{\delta E(k)}{\delta w_{ij}} \end{cases} \tag{6-44}$$

式中：按照 $E(k)$ 的负梯度方向调节并加上一个惯性项，α 为惯性常数，η 为学习速率。

$$\frac{\delta E(k)}{\delta w_{li}} = \frac{\delta E(k)}{\delta y(k)} \cdot \frac{\delta y(k)}{\delta \Delta u(k)} \cdot \frac{\delta \Delta u(k)}{\delta Ol(k)} \cdot \frac{\delta Ol(k)}{\delta \mathrm{net}l(k)} \cdot \frac{\delta \mathrm{net}l(k)}{\delta w_{li}(k)} \tag{6-45}$$

而 $u(k) = u(k-1) + kp[e(k) - e(k-1)] + kie(k)$ ，那么有：

$$\begin{cases} \dfrac{\partial u(k)}{\partial Ol^{(3)}(k)} = e(k) - e(k-1) \\[3mm] \dfrac{\partial u(k)}{\partial O2^{(3)}(k)} = e(k) \end{cases} \tag{6-46}$$

分析求解权值变化关系式有：

$$\begin{cases} \dfrac{\delta Ol(k)}{\delta \mathrm{net}l(k)} = g'[\,netl(k)\,] \\[3mm] \dfrac{\delta \mathrm{net}l^{(3)}(k)}{\delta w_{li}^{(3)}(k)} = Oi^{(2)}(k) \end{cases} \tag{6-47}$$

而 $\dfrac{\delta y(k)}{\delta \Delta u(k)}$ 可以由符号函数 $\mathrm{sgn}\left[\dfrac{\delta y(k)}{\delta \Delta u(k)}\right]$ 代替，由此产生的误差通过学习速率来调整，得出网络输出层的权系数学习算法：

$$\Delta w_{li}(k) = \alpha \Delta w_{li}(k-1) + \eta \sigma l^{(3)}, \quad l = 1,\ 2 \tag{6-48}$$

$$\sigma l^{(3)} = e(k)\,\mathrm{sgn}\left[\frac{\partial y(k)}{\partial u(k)}\right] \frac{\partial u(k)}{\partial Ol^{(3)}(k)} g'[\,netl^{(3)}(k)\,] \tag{6-49}$$

用类似的处理过程可得隐含层神经与输入层之间权值的学习规律：

$$\Delta w_{ij}(k) = \alpha \Delta w_{ij}(k-1) + \eta \sigma i^{(2)}, \quad i = 1,\ 2,\ \cdots,\ 5 \tag{6-50}$$

$$\sigma i^{(2)} = \sum_{l=1}^{2} \sigma l^{(3)} w_{li}(k) f'[\,netl^{(2)}(k)\,], \quad i = 1,\ 2,\ \cdots,\ 5 \tag{6-51}$$

6.5.2.3 设计网络拓扑结构

上面介绍了 BP 神经网络应用在 PI 跟踪控制器的算法推导，在设计网络拓扑结构的时候需要对以下四个问题考虑分析。

（1）网络的层数。

Robert Hecht-Nielson 已经证明由一个隐含层的 BP 神经网络可以用来逼近任何有理函数。在设计网络层次的时候，一般取个三层就可以完成从 N 维到 M 维的映射，扩充网络层数在一定范围内可以减小误差，增强性能，但同时也会使得网络结构过于复杂化，并且导致权值的训练调整时间增加。事实上，可以通过增加隐含层的神经元个数来降低系统训练的误差，这样在训练的同时有利于调整，根据训练的结果可以更方便地进行神经元数目的调整。所以在设计网络结构的时候，首先考虑增加隐含层的神经元个数去提高系统训练的精度。

（2）隐含层的神经元数。

前面提到在提高网络训练精度方面优先增加隐含层个数，那么，隐含层的神经元到底取多少个？首先评价一个网络设计的性能是优良还是恶劣，主要看它最后的收敛精度和训练所需时间的长短。一般取的隐含层神经元数目越多，收敛性能就会越好，但并不绝对，有可能会带来其他问题。通过实验测试，当神经元个数取 3、4、5 时，训练的精度都差不多，一般神经元的个数依照问题求解的复杂程度而定。

（3）初值权值的选取。

非线性系统不同于线性系统的一点就是它对于初值的选取特别敏感，初始权值的选择影响收敛精度、学习速度以及训练时间，再者初始权值过大，会导致算法不收敛，所以初始权值一般取在 [-1，1] 内较小的数，并且应将这些初始值设为随机数，可以以防权值的调整方向同向。初始权值的选择对整个控制系统的设计及控制效果在非线性系统控制应用中有着关键性的作用。

（4）学习速率。

由权值调整表达式可知，学习速率的大小影响决定每次循环调整过程中的权值变化量。学习速率过大或过小对系统都会带来不好的影响，太大虽然收敛速度加快，但是容易发生振荡，造成系统不稳定，而学习速率太小，则会导致训练时间过长，收敛越慢。通常学习速率范围选为 0.01~0.8，也可以采用自适应学习调整学习速率。

6.5.2.4　基于 BP 神经网络的 PI 控制跟踪控制器算法

基于 BP 神经网络的 PI 控制系统要取得好的跟踪控制效果，就需要对 kp、ki 进行调整[62]，它们之间的关系不再是简单的"线性组合"，而是从变化多端的无数组非线性排列组合中找出最佳的组合关系，以往的方法是采取经验试凑法，而 BP 神经网络拥有强大的非线性映射能力，并且网络结构与学习算法相对简单。通过训练与学习自身网络就能够得到性能指标下最优的 PI 控制器的参数。基于 BP（Back Propagation）神经网络的 PI 跟踪控制系统如图 6-21 所示。控制器由三部分组成：PI 控制器：对等效的控制系统进行跟踪控制，参数 kp、ki 在线调整；PI 神经网络：

根据系统当前的运行状态，通过权值的调整自动调节 PI 控制器的参数，以达到某种目标函数下的最优解；滑模控制下等效的系统对象。基于 BP 神经网络的 PI 控制跟踪控制器算法如下：

（1）选择 BP 网络的结构，确定输入层、隐含层、输出层节点数，初始化权值 $\Delta w_{li}(k)$ 和 $\Delta w_{ij}(k)$，确定学习速率 η 和惯性常数 α。

（2）确定采样时间并得到 $r(k)$ 和 $y(k)$，计算 $e(k) = r(k) - y(k)$。

（3）选择确定输入和输出。

（4）根据推导计算每层神经元的输入与输出。

（5）计算得到 PI 控制器的控制输出 $u(k)$，进行控制系统的计算。

（6）根据梯度下降法更新权值 $\Delta w_{li}(k)$ 和 $\Delta w_{ij}(k)$。

（7）达到精度结束，否则返回步骤（2）。

本文采用 4×5×2 网络，即输入层 4 层，隐含层 5 层，输出层 2 层，学习速率 $\eta = 0.2$，惯性常数 $\alpha = 0.05$，输入层 $Oj = [r(k), y(k), e(k), 1]$，输出层 $Ol = [kp, ki]$，阶跃跟踪下初始权值 wi 和 wo 分别取式（6-48）、式（6-49），正弦信号跟踪下初始权值 wi 和 wo 分为式（6-50）、式（6-51）。

$$wi = \begin{bmatrix} 0.4745 & 0.0478 & 0.1934 & 0.4545 \\ -0.3498 & 0.01092 & 0.5165 & 0.7425 \\ -0.0613 & -0.2663 & 0.0957 & 0.4205 \\ 0.5541 & 0.4626 & 0.0457 & 0.4239 \\ 0.1464 & 0.4831 & -0.1880 & 0.6288 \end{bmatrix} \tag{6-52}$$

$$wo = \begin{bmatrix} 0.6850 & 0.3864 & 0.3158 & 0.8564 & 0.3927 \\ 0.7250 & 0.7609 & 0.2253 & 0.7816 & 0.5794 \end{bmatrix} \tag{6-53}$$

$$wi = \begin{bmatrix} 0.4138 & -0.4981 & 0.3506 & 0.3956 \\ -0.2117 & 0.1153 & -0.4627 & -0.2331 \\ -0.3350 & 0.1612 & 0.1808 & -0.4314 \\ -0.0441 & 0.1603 & 0.0711 & -0.1864 \\ -0.2572 & 0.1805 & 0.1902 & 0.2892 \end{bmatrix} \tag{6-54}$$

$$wo = \begin{bmatrix} -0.0017 & -0.3316 & 0.1859 & 0.2055 & 0.4941 \\ -0.0630 & -0.2354 & 0.3166 & 0.0765 & -0.0388 \end{bmatrix} \tag{6-55}$$

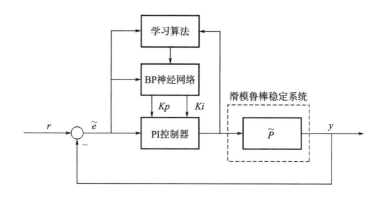

图 6-21　基于 BP 神经网络的跟踪控制系统框图

6.5.3　系统仿真结果分析

应用所提方法，对控制系统进行跟踪控制，图 6-22、图 6-23 分别对阶跃信号以及正弦信号进行跟踪，仿真结果表明系统能够很好地跟踪给定，但初始时刻有一定超调，可能是初始权值随机化产生的问题。

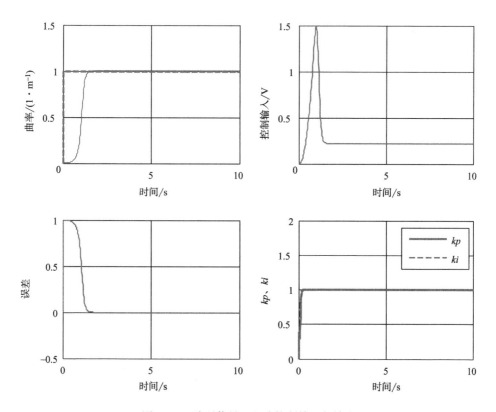

图 6-22　阶跃信号下跟踪控制输入与输出

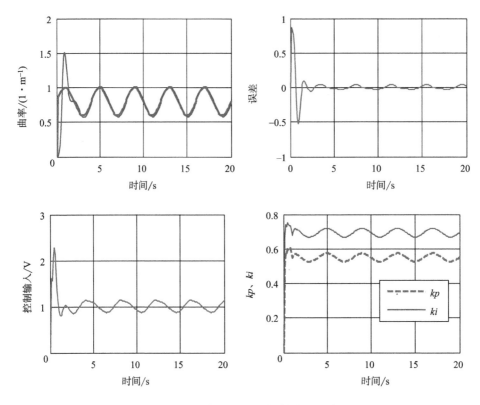

图 6-23　正弦信号下跟踪控制输入与输出

6.6　本章小结

　　本章对 IPMC 位置跟踪控制系统提出了基于滑模变结构的鲁棒非线性控制及应用研究，由于 IPMC 是一种高度复杂的非线性对象，并且包含由于建模误差和环境改变引起的模型不确定性以及易受外部干扰等，所以，对控制过程中稳定性及精度要求很高。因此，采用鲁棒性非常好的滑模变结构控制方法作为切入点对其进行分析设计，本章所提算法具有较强的鲁棒性，非常适用于非线性控制系统的研究及应用。

　　本章首先对非线性位置跟踪控制系统进行数学建模，并运用提出的滑模变结构理论进行鲁棒控制器的设计，并通过编写 Matlab 中的 M 函数文件对其进行验证，针对滑模变结构控制过程中出现的抖振行为，采用边界层方法对其进行抑制，仿真结果验证了所提算法的有效性。进而，采用粒子群算法对滑模变结构控制器中的参数进行自动寻优，使系统具有更快的响应速度与更高的精度。

其次，在保证鲁棒稳定的基础上采用 PI 控制器对其进行跟踪控制，并用算法理论证明了所提方法的有效性，分别提出了粒子群优化的 PI 跟踪控制和基于 BP 神经网络的 PI 跟踪控制两种跟踪控制策略。用粒子群优化滑模控制器和 PI 控制器的五个参数，利用神经网络强大的非线性函数逼近能力，通过在线自动调整权值来改变跟踪控制器的输出，最后通过仿真验证所提两种方法的有效性，并对它们的鲁棒性能与一般工业上采用的 PID 控制进行比较。

本章对 IPMC 非线性位置跟踪控制系统进行了鲁棒非线性控制应用及研究，并且取得了一定的学术与研究成果，但是，对于非线性控制系统的控制远比线性系统困难得多，由于控制过程中涉及的参数较多，尝试用多种策略研究，在研究过程中也出现一定问题，如采用粒子群优化包括跟踪控制器在内的参数设计的过程中，某一维数受限问题，需要从更深层次加以理解研究，BP 神经网络的初始权值的选取对系统的影响比较大，初始权值的不同，神经网络的学习结果就会不同，如果初始权值选取不好，则有可能发生振荡，再者 IPMC 本身引起的磁滞行为也会一定程度地影响控制精度。所以，在以后的研究过程中这都是需要认真思考的问题，由于 IPMC 在国内的研究还刚刚起步，目前大多用来进行材料制备的研究，控制方面研究较少，未来还有很长的路要走。

参考文献

［1］高为炳. 变结构控制的理论及设计方法［M］. 北京：科学出版社，1996.

［2］呼文豹，郭锐锋，王志成，李杰. 高性能交流伺服系统中的控制方法［J］. 组合机床与自动化加工技术，2013（1）：7-11.

［3］A. Utkin，J. Guldner，J. X. Shi. Sliding Mode Control in Electromechanical System［M］. London：Taylor&Francis，1999.

［4］Z. H. Man，A. P. Paplinski，H. R. Wu. A Robust MIMO Terminal Sliding Mode Control Scheme for Rigid Robot Manipulators［J］. IEEE Transactions on Automatic Control，1994，39（12）：2464-2469.

［5］Y. P. Chen，J. L. Chang，S. R. Chu. PC-based sliding mode control applied to parallel-type doubled inverted pendulum system［J］. Mechatronics，1999，9（5）：553-564.

［6］ 王瑗珲，张强，王东云，等．基于滑模变结构的 IPMC 跟踪控制系统设计 ［J］．郑州大学学报：工学版，2014，35（6）：104-107.

［7］ 张鹏，张金鹏．变结构控制的抖振问题研究 ［J］．航空兵器，2013（2）：9-13.

［8］ 刘成菊．线性时滞不确定性系统的滑模变结构控制 ［D］．青岛：青岛科技大学，2007.

［9］ W. C. Su, S. V. Drakunov, U. Ozguner, K. D. Young. Sliding Mode with Chattering Reduction in Sampled Date Systems ［C］. Texas, USA：Procedings of the 32nd IEEE Conference on Decision and Control, 1993：2452-2457.

［10］ H. Morioka, K. Wada, A. Sabanovic, K. Jezernik. Neural Network Based Chattering Free Sliding Mode Control ［C］. Hokkaido, Japan：Proceedings of the 34th SICE Annual Conference, 1995：1303-1308.

［11］ 达飞鹏，宋文忠．基于输入输出模型的模糊神经网络滑模控制 ［J］．自动化学报，2000，26（1）：136-139.

［12］ J. X. Xu, T. H. Lee, M. Wang, et al. Design of Variable Structure Contoollers with Continuous Switching Control ［J］. International Journal of Control, 1996, 65（3）：409-431.

［13］ F. J. Lin, W. D. Chou. An induction motorServo drive using sliding-mode controller with genetic algorithm ［J］. Electric Power Systems Research, 2003, 64（2）：93-108.

［14］ 王万良，唐宇．微粒群算法的研究现状与展望 ［J］．浙江工业大学学报，2007，35（2）：136-141.

［15］ Langdon W B, Poli R. Evolving problems to learn about particle swarm and other optimizers ［C］. in：Proc. CEC-2005. 2005, 1：81-88.

［16］ 郑中海，胡小兵，郑满满，等．改进粒子群和模拟退火混合算法及其应用 ［J］．计算机技术与发展，2013，7（23）：26-30.

［17］ 徐生兵，夏文杰，代安定．一种改进学习因子的粒子群算法 ［J］．信息安全与技术，2012，7（19）：17-19.

［18］ 李红，徐长发．数值分析 ［M］．武汉：华中科技大学出版社，2001.

［19］ 王万良，唐宇．微粒群算法的研究现状与展望 ［J］．浙江工业大学学报，2007，35（2）：136-141.

［20］ W. B. Langdon, R. Poli. Evolving problems to learn about particle swarm and other optimizers ［J］. in：Proc. CEC-2005, 2005：81-88.

［21］ 田雨波．混合神经网络技术 ［M］．北京：科学出版社，2009.

［22］ 马玲玲，郑彬，马圆圆．基于神经网络 PID 智能复合控制方法研究 ［J］．计算与测量技术，2009，3：17-19.